人生加『简法』

杂生活中的单课

舒雨/著

中国华侨出版社
·北京·

图书在版编目（CIP）数据

人生加"简法"：复杂生活中的简单课 / 舒雨著 .—北京：中国华侨出版社，2019.5
　ISBN 978-7-5113-7828-6

　Ⅰ.①人… Ⅱ.①舒… Ⅲ.①人生哲学—通俗读物
Ⅳ.① B821-49

中国版本图书馆 CIP 数据核字（2019）第 061449 号

人生加"简法"：复杂生活中的简单课

著　　者：舒　雨
责任编辑：刘晓燕
责任校对：高晓华
经　　销：新华书店
开　　本：670 毫米 × 960 毫米　1/16 开　印张：15　字数：175 千字
印　　刷：河北省三河市天润建兴印务有限公司
版　　次：2019 年 6 月第 1 版
印　　次：2024 年 5 月第 2 次印刷
书　　号：ISBN 978-7-5113-7828-6
定　　价：42.00 元

中国华侨出版社　北京市朝阳区西坝河东里 77 号楼底商 5 号　邮编：100028
发 行 部：(010) 64443051　　　传　　真：(010) 64439708
网　　址：www.oveaschin.com　　E-m a i l：oveaschin@sina.com

如果发现印装质量问题影响阅读，请与印刷厂联系调换。

前言

如今，越来越多的人崇尚极简主义。那些践行"极简主义"的人，用行动证明着极简给我们的生活与工作带来的巨大益处：放弃不能带来效用的物品，控制徒增烦恼的精神活动，简单生活，从而获得精神自由，提升生活的品质。

极简，就是极其简单，它并非表面意义上的扔东西，或者过着清贫的生活，而是每个人发自内心的一种精神需求；是以需求为导向，经过深思熟虑后的，能真正满足自我、表达自我的生活选择；是一种追求健康、丰富、自然、和谐的心境。极简，不仅仅在于空间的整理，更是心灵的删繁就简、去伪存真、去芜存菁，让心灵回归最纯粹的本质。

将工作化繁为简就是高效，将心灵删繁就简就是幸福。当没有纷繁复杂的思绪占据空间，没有消极的情绪加以干扰，没有过度的物欲加以损耗，我们才能心无旁骛地将注意力聚焦在真正关心的事情上。占据心灵的杂物少了，便更容易接收到光亮。

　　著名女作家冰心曾说，如果你简单，那么这个世界也就简单。英国诗人丁尼生也说过，最伟大的人仅仅因为简单才显得崇高。单纯而宽容地生活，让心灵的线条描绘出清晰的脉络，那么无论世界怎样喧嚣，你的生活总是能极美。

　　本书是一部心灵极简整理书，提供了一种内心世界化繁为简的整理方式和思考方式，让你了解什么对自己来说最重要，如何清空"心灵垃圾"，让有限的时间和精力不被过载的精神高压浪费，从而获得心灵的最大自由和幸福。

目录

contents

第一章 / 让持有成为一种幸福

1 素简才是让心灵舒适的生活方式 \ 003

2 每一次返璞归真,都是心灵净化的过程 \ 005

3 于生命而言,真正有益的是有选择地去除冗繁 \ 008

4 比起拥有得多,你更需要持有有用的东西 \ 011

5 别让虚名浮利占据你有限的精力 \ 014

6 能做好期望管理的人,更容易提高幸福指数 \ 018

7 放手不意味失去,而是更好地拥有 \ 021

第二章 / 化繁为简便是高效

1 对世界的过度构思,让前进的脚步迟疑 \ 027

2 越宏大的目标,越要选择简单的开始方式 \ 030

3 将时间花费在于你而言最重要的事情上 \ 034

4 为避免做事杂乱无序，事先应做好有效计划 \ 038

5 对绝不能做的事情有一种判断和执着 \ 041

6 做事始终别丢掉对目标的关注 \ 044

7 但求耕耘，莫问收获 \ 048

8 越让你恐惧的，越要勇敢直面它 \ 051

9 切勿过于重视技巧而忽视本分 \ 054

10 阵脚慌乱时，及时暂停 \ 057

11 承认自己的能力限度，跳脱过度繁忙 \ 060

第三章
摒弃耗费心力的过度思考

1 别惧怕从零开始，从零开始每一步都是得到 \ 065

2 与其花费精力思考福祸，不如逆向思维探知转机 \ 069

3 将注意力只聚焦在你真正关心的事情上 \ 073

4 人人都会输，你也可以输得起 \ 077

5 当你不再介意结果，就不再畏缩胆怯 \ 080

6 无须过度忧思，顺其自然总有最好的答案 \ 083

7　风雨不可怕，泥泞的道路才能真正留下脚印 \ 087

8　许多烦忧不过是对心力的无端消耗 \ 090

9　将失去视为人生的常态 \ 092

10　将"烦恼流"严格控制在当下的房间里 \ 095

11　学会面对失败，才能让每一次失败不被浪费 \ 097

第四章
以欲望的有限，换取心灵的无限

1　世间万物，为我所用，非我所有 \ 103

2　那些被面子左右的生活，都不真正属于自己 \ 106

3　一个人不能同时追赶两只兔子，对目标别贪心 \ 109

4　生活的欲望越小，心灵的空间就越广阔 \ 113

5　为自己的欲望设置一个底线和标准 \ 116

6　内心的知足，是对抗欲望最有效的方式 \ 119

7　世俗的名利，不值得你为之倾尽全部 \ 122

8　做金钱的主人，而不是物欲的奴隶 \ 125

9　真正的幸福与金钱地位无关 \ 128

第五章
心怀单纯秉性，不小气计较，也不盲目妥协

1　难得糊涂，难得宽容　\ 133

2　善于自嘲的人，往往是富有智慧和情趣的　\ 136

3　世人诋毁谩骂，自己的路却仍要自己走　\ 139

4　不必委屈自己向全世界的目光妥协　\ 141

5　当你愿意记住别人的好，便能发现生活的美　\ 145

6　别用他人的错误来惩罚自己　\ 148

7　选择朋友就是选择人生，与负面朋友圈断舍离　\ 151

8　别对他人的批评之声一概屏蔽　\ 154

9　对每个人心怀平等与尊重　\ 158

第六章
和负面情绪真正断、舍、离

1　没有人愿意欣赏你抑郁的脸　\ 165

2　每个人在愤怒时，背后都站着冲动的魔鬼　\ 168

3　可以羡慕，但别嫉妒或是恨　\ 172

4 自信者，不行也行；自卑者，行也不行 \ 176

5 抱怨正在慢慢侵蚀你的幸福感 \ 180

6 只会用语言宣泄不满的人不会成功 \ 184

7 这倒霉的生活，期限没有想象中那么长 \ 187

8 抓住每一个可以享受快乐的机会 \ 190

9 用正面的心理暗示赶走坏情绪 \ 193

10 尝试心理补偿，失意的事用得意的事来弥补 \ 198

第七章
将人生的每段过去整理，或妥协安放，或从容遗忘

1 记忆空间有限，留存快乐，忘却烦恼 \ 205

2 忘记那些离去的人并不是一种背叛 \ 208

3 昨天的伤口不应该影响当下的日子 \ 211

4 敢于放弃是一种勇气，善于放弃是一种智慧 \ 215

5 别让两个人的爱情里只存在一个人的执迷 \ 218

6 既然无缘，潇洒分手未尝不是一种坦然的美丽 \ 221

7 人生总有遗憾错过，别就此蹉跎了现在 \ 223

8 荣耀与失败都属于过去，让每一天有新的开始 \ 226

第一章

让持有成为一种幸福

老子说:"少则得,多则惑。"所有的事情越单纯就越接近它本来的状态,如同真理永远都是质朴而简单的。过多地持有物质和欲望并不会带来幸福感,反而会成为心灵的负累。

素简才是让心灵舒适的生活方式

我国著名数学家陈省身先生不止一次地对外表示：数学的一个重要作用就是九九归一，化繁为简、化大为小，就是把遇到困难的事物尽量划分成许多小的部分，如此一来每一小部分显然就更容易解决。而为人处世也是一样，越是单纯专一的人，就越容易在某一方面取得成功。

素简，意味着去粗取精、避开纷争，虔诚地倾听并顺从内心最真实的声音。有意愿去尽力摆脱纠缠不清的种种，把时间花在自己喜欢之事和心爱之人上。素简是一种生命的过程，而并非目的。如此，处处淡定安然，获得内心的祥和，才是人生最大的福气。

素简并不是清心寡欲，一味追求清贫的生活。它仅仅意味着生活的悠闲和心灵的从容。多余的脂肪会压迫人的心脏，多余的财富会增加人的负担，多余的幻想会毁灭人的生活，多余的追求会拖累人的心灵。生命之舟载不动太多的物欲与虚荣，不妨踏上归途，回归内心，回归简单。

一位亿万富翁曾经给他的儿子写过一封信，其中有段这样的话：

"素简是一种理智的生活态度，是一种豁达的人生情怀。因为，简单的人能够摆脱世俗的限制，而回归人性的真实。懂得有所约束的人，能够在阅尽纷繁后自我沉淀，得到独属于他的人生。

"要记住,素简是一种难得的清醒,它尝试着为心灵减负,享受着生活的乐趣;素简也是一种淡泊明志的修行,它不为名扰,不为物忧。素简的生活是不受羁绊的,始终循着自己的方向,远离复杂,随处安然。如此,福气至深。"

生命本就应该以一种简单的方式来经历。人活得越复杂,就越不能挥洒自如。精神的富足能够让平凡的日子显得活色生香。就像对于艺术品来说,素简精致往往比华丽繁复更能震撼人心。那么对于人生而言,轻松与惬意往往比奢侈与迷醉更能令我们感到幸福和愉悦。

提倡素简,自然是摒弃一种"穷忙"的生活,但同时也并非就是贫乏。它只是一种不让我们迷失自我的方法。可以因此抛弃那些纷繁而无意义的生活,全身心地投入内心向往之所在,体验生命的激情和至高的境界。

当发现人生已失去原有的简单与宁静时,我们要做的不再是刻意地追求和无谓地争取,而是放弃奢侈的欲望,扫清人生道路上的重重障碍。唯此,生活才能回归轻松,才能重新体会安然祥和的幸福。

❷
每一次返璞归真，都是心灵净化的过程

几年前，一股"乡村体验热"悄然在上海白领中流行，这些习惯快节奏生活和高额薪水的白领们主动请假几天，或辞去职务，到乡下体验生活。他们中有的人去当小学教师，有的人走上田地，有的人进入乡村工厂，每天吃着粗糙的食物，拿着微薄的薪水。

很多人不理解他们的做法，他们说："从前，我们每天都在抱怨自己的工作，认为人生太累，生活不自由，有了乡村体验后，我们才终于知道，原来我们一个月的工钱，在有些地方需要付出一整年的劳动才能得到；原来我们所谓的烦恼，在繁重的劳动下不值一提；原来快乐并不是出国旅游，而是每天结束工作后舒服地洗一个澡，当我们有过这样的经历，再回到大都市，我们觉得一切都是崭新的，甚至是一种享受。"

过惯都市生活的白领，突然想要去乡下体验生活。在那里，他们每天不是穿着昂贵的衣服，涂抹高级的化妆品和保养品，坐在电脑前敲键盘，或者在办公室侃侃而谈；而是穿着粗布衣服，做着可以把手磨出老茧的粗活，领取微薄的薪水。他们体会最简朴的生活，重新看待身边的一切，发现一切都是新鲜的、有趣的，是一种难能可贵的享受。

在大城市的一些餐馆有一种"忆苦思甜饭"，很多人去这样的餐馆

品尝几十年前人们的家常菜肴。当他们吃着粗粮，就体会到平日吃不下去的饭菜是如何美味；当他们想起先辈们在艰苦的环境中生活，就会明白平日的生活是如何舒服方便。每一次返璞归真，都能让人的心灵为之一震。当你明白自己拥有的已经足够多，甚至过多，你就会想要追求一种简朴的生活。

当城市越来越高速发展的时候，人们的压力越来越大，很自然地将目光投向乡村，由此带动了一波又一波的旅游浪潮，也因此带动乡村旅游业和产业链的发展。

简单不是敷衍，不是放弃追求，很多成功者谈到自己的经验，都会说到一个词：删繁就简。砍掉那些枝枝蔓蔓，不为琐事操心，省略掉不必要的过程，只盯住自己定下的目标，走一条最短的直线。他们没有密密麻麻的计划表，每天要做的事写在一张纸上，做完随手删掉，将效率提到最高。而生活上的简单不是穿简朴的衣服，吃粗糙的饭食。简单的生活是当你拥有一件衣服时，明白它的价值，发挥它的功用，不是将它压入箱底去寻找更漂亮的衣服……简言之，简单在于心灵上的知足，在于能够对自己说："够了，我的生活很好，我非常满足。"简单是一种心态，能够带来积极生活的心态。

一个贫穷的农民正在煮腊八粥，这时屋外出现三位老人，他们对农民说："我们的肚子很饿，可以让我们喝一碗粥吗？"农民是个善良的人，他客气地请老人们吃了饭。老人们吃饱喝足后说："我们三个都是天上的神仙，你很善良，我们决定奖励你，我们三人一个代表财富，一个代表健康，一个代表快乐，你可以选择我们中的一个留在你家里。"

农民想了很久，最后说："比起健康和财富，我更想要简单快乐的生活。"三个老人笑着说:"你的选择是最明智的,有了简单快乐的生活,才会有健康和财富,所以我们三个都会住在这里一直保佑你。"

腊八节那一天,三位仙人降临到一个穷人家,问他想要选择什么样的生活。穷人的想法很简单,他可能因为健康而失去过好日子的机会,也可能因财富失去身体的强壮,不如不论贫穷富有,疾病健康,都能保持一份快乐的心态。所以,他选择了简单快乐的生活。他没想到,健康和财富就跟随在这种选择之后,这个故事告诉我们,简单就是快乐。

人们都知道"简单"能够带来的益处,生活简单,可以减少麻烦;心态简单,可以减少烦恼;思维简单,可以少走弯路;感情简单,可以保持单纯……但是,现实生活的种种诱惑,让人们不愿简单,他们喜欢让问题复杂,让人际关系复杂。归根结底,他们不相信世间有"简单",即使心中仍有单纯,也不愿意用自己的"简单"应对他人的"复杂",因为那意味着失去利益的危险。以不简单的眼光看世界,世界只会越来越复杂。

也有人认为"简单"只能存在于不懂事的小孩子身上。其实,每个人都可以像小孩子一样快乐。在美国西部有一片沙漠,很多退休的老人自发组织开车旅游,他们不远千里来到荒漠公路上,只为享受烈日、风沙,以及此番经历的快感。他们有的是富翁,有的是普通职员,坐在一起聚会时不知道彼此的身份,在聊天中交换共同心得——如何来到这里,走了多少弯路,沿途看到了什么。在他们的笑声中,有发自内心的快乐。

在忙碌中,人们应该学着让自己简单。简单有一种安定的力量,简单的衣食住行、简单的生活习惯、简单的娱乐……都能让人们找回生命最初的单纯,心灵就在这个回归过程中得到净化,变得坦率而开阔。

3

于生命而言，真正有益的是有选择地去除冗繁

于丹曾说：人到三十岁以后，就应该开始学着用减法生活，也就是学会舍弃那些不是你心灵真正需要的东西。人的内心就像一栋新房子，刚搬进去时，都想着要把所有的家具和装饰摆在里面，结果到最后发现这个家被摆得像胡同一样，反而没有让自己能够落脚的舒服地方了，于是开始想着舍弃或丢弃一些不需要的东西……

人生之初，生命本身就是对"我"这个个体的一种"加法"，然后便源源不断：生理的满足、物质的享乐、人情的温暖、事业的成功。再后来，这加法的速度做得越来越快，情形也越来越急：多加份薪水，多加些成就，多几个朋友，多几分幸运……可谓多多益善。

于是，我们开始畏惧和害怕，谈"减"色变，患得患失。友情的失去、生意的亏损，都会让我们沮丧，让我们畏缩。于是，人们便死死抱着这样一种态度，守着这样一条底线：拒绝做减法。

然而，从某种意义上来讲，世间万物都是有限的，包括那"比海宽比天广"的心。人的心灵如果被所得堆得太满，最后就会为其所累；唯有用减法，才可以平衡生活。当生活的旁枝末节被减得越多，生命的主干保留得也就越清晰、我们迈向成功和成熟的可能性就会随之增大，拥

有的快乐也会更多。

一个青年因终日郁郁寡欢，便想求教一个悟道之解。他背着一个大包裹，千里迢迢地跑来找慧能大师。他说："大师，我是那样的孤独、痛苦和寂寞。长期的跋涉使我疲倦到极点：我的鞋子破了，双脚被荆棘割伤了，手也流血不止，嗓子因为长久的呼喊而喑哑……"

大师看着他肩上背的大包裹，问："孩子，你的大包裹里装的是什么？"

青年说："它对我来说简直太重要了！里面是我每一次跌倒时的痛苦，每一次受伤后的哭泣，每一次孤寂时的烦恼……靠了它，我才走到您这儿来。"

慧能大师没有直接对青年的话做出任何评判，只带着他来到河边，并坐船过了河。

上岸后，大师说："现在，你把船扛起来赶路吧！"

"什么，扛着船赶路？"青年很惊讶，"它那么沉，我能扛得动吗？"

"是的，孩子，你扛不动它。"大师微微一笑，说，"过河时，船是有用的；但过了河，我们就要放下船赶路。否则，它会变成我们的包袱。痛苦、孤独、寂寞、灾难、眼泪，这些对人生都是有用的，它能使生命得到解脱；但须臾不忘，就成了人生的包袱。放下它吧！孩子，生命不能太负重了。"

青年如醍醐灌顶，恍然大悟。他放下包袱继续赶路，发觉自己心情愉悦，步子也比以前轻快了许多。原来，生命是可以不必如此沉重的，只要敢于"减下"负担。

在前行的道路上，我们是否意识到自己肩上那有形或无形的"背包"？我们的背上又扛了多少不必要的包袱？比如过去的失败和曾经做过的错事，又比如得了第二要争第一、好了还想更好的"上进心"……这些是不是一直在不断地"加"进了"背包"里，而我们是不是一直在扛着越来越重的包袱前进？

那么，你准备还要扛多久？

德川家康说过：人生不过是一场带着行李的旅行，我们只能不断向前走，并且沿途不断抛弃沉重的包袱。如果希望人生旅程是快乐的，就要尽快放下身上的包袱，丢弃那些多余的负担，减掉那些"不值得"背负的东西。天使之所以能够飞翔，是因为她有轻盈的翅膀；当给翅膀附带上了过多额外的重量时，她也就不能再飞向更远的地方了。

也许人生就是如此，当我们在某一方面拥有太多的时候，在另一方面可能就要付出相应的代价；当准备放弃某一方面时，往往冥冥中就已经注定了在另一方面将有所收获。人生最大的遗憾在于：轻易放弃了不该放弃的，却固执地坚持不该坚持的。

所以，从整个生命历程的长远角度来看，真正有益的事情并不是获取更多，而是有选择地剔除掉那些多余冗繁的事物。去冗除繁，是用减法生活的一种体现，也是一种人生的成长方式。我们的内心将会因为外在冗繁的减除而实现真正的丰盈。

❹

比起拥有得多,你更需要持有有用的东西

宋代词人辛弃疾有一句名言:"物无美恶,过则为灾。"拥有,本该是一种原始而简单的快乐。但拥有得过多了,就会失去最初的欢喜,变得患得患失。

佛祖说,满足不在于多加柴草,而在于减少火苗;不在于积累财富,而在于减少欲念。只有抱着随时清零的心理状态,才会有情趣去欣赏世界可爱的一面,体会到他人的人情道义和善良,才能有机会感受到真正的快乐。

据说,蜈蚣在最初被造时并没有脚,但它仍可以爬得和蛇一样快。

有一天,它看到羚羊、豹子和其他有脚的动物都跑得比自己快,心里非常不高兴,便自我安慰似的念叨着:"哼!有那么多的脚,当然跑得快了。"

于是,蜈蚣向造物主祷告说:"造物主啊,我希望拥有比其他动物更多的脚。"

没想到,蜈蚣的这一请求不久后便真的实现了。造物主把许多只脚放在蜈蚣面前,任凭它自由取用。

蜈蚣迫不及待地拿起这些脚,不停地往自己身上贴,从头一直贴到

尾，直到再也没有空间了，它才依依不舍地停止。蜈蚣心满意足地看着满身是脚的自己，暗暗窃喜："现在，我可以像箭一样飞出去了！"

然而，等它想要迈开脚步"狂奔"时，蜈蚣才发现自己完全无法控制这些脚。每一只脚都"各行其道"，要想让它们保持一致，蜈蚣必须要以百倍的精力去关注，才能使一大堆脚不致互相羁绊而顺利地往前走。这样一来，它走得反而比以前更慢了，而且还累得气喘吁吁。

想来，人之所以活得疲累，不是因为使之快乐的条件还没有攒齐，而是想要拥有的东西太多，从而成为痛苦的奴隶。孩子之所以总是快乐，是因为他们的要求单一而纯粹，没有更多的"附加值"。对于一个喜欢零食的孩子来说，一座金山也不如一包糖果能令他快乐；对于一个喜欢在野外玩耍的孩子而言，一团可以变幻出各种玩具的黏土胜过满屋子的高级玩具。

西方有一句著名的话，生命如同一段旅程。在这段旅程中，每个人都背着一个空行囊向前行走。一路上，人们会捡拾到很多东西：地位、权力、财富、友谊、爱情、责任、事业……不断捡拾，于是行囊便渐渐被装满。然后，背负太多，沉重得让前进的阻力越来越大，迈步的表情越来越痛苦，快乐也就渐渐地消失了。

人生而无物，本来就该怀着满足，但当被给予了其一后，自然而然就想拥有其二。如此发展到最后，就形成了一种可怕的贪欲：只要自己没有的，就是好的，就一定想要。当欲望之火被点燃后，烦恼就来敲击心门了；当贪求更多时，痛苦便来缠身了。

从前，有一个百万富翁，在他的隔壁，住着一对磨豆腐的小两口。曾有谚语说，人生三大苦，打铁撑船磨豆腐。但磨豆腐的小夫妇却乐在其中，一天到晚歌声笑声，传到百万富翁的家里。

百万富翁的夫人一时间便感到失落万分，对丈夫说："我们有这么多钱，怎么还不如隔壁家磨豆腐的小两口快乐呢？"

百万富翁说："这有什么，我让他们明天就笑不出来。"

当天晚上，百万富翁隔着墙扔了一锭金元宝。第二天，磨豆腐的家里果然就鸦雀无声了。

原来，夫妇俩正在合计呢！他们捡到了"天下掉下来"的金元宝后，对着这"飞来之财"便想，磨豆腐这种又苦又累的活儿以后是不能再做了。可是，如果做生意，赔了怎么办？不做生意？总有坐吃山空的一天。丈夫心里还想，生意要是做大了，是该讨房小媳妇，还是该休了现在这个黄脸婆？妻子则在琢磨，早知道能坐等发财，当初就不该嫁给这磨豆腐的。

一寻思二琢磨，之前快乐的小两口现在谁也没有心思说笑了，更令小两口痛苦的是：他们不知道什么时候下一个金元宝会再"掉"下来。

最朴素的道理告诉我们：有用比拥有更有价值。就像在行驶的火车上掉了一只新鞋的甘地，在众人皆惋惜的时候，把另一只鞋子也扔到了窗外。甘地的解释是：这一只鞋无论多么昂贵，对我而言已经没有用了；如果有谁能捡到一双鞋子，说不定他还能穿呢！这看似的"失去"何尝不是另一种拥有？甘地从中得到的内心快乐，又岂是用物质可以兑换的呢？

所谓拥"有"，是有限有量；所谓空"无"，是无穷无尽。如能以"有用"的胸怀来顺应真理，以"有用"的财富顺应人间，让"因缘有""共同有"来取代私有的狭隘，让"惜福有""感恩有"来消除占有的偏执，珍视此时所拥有的，遗忘不属于自己的。如此，心灵的源泉便不会枯竭。

5

别让虚名浮利占据你有限的精力

唐代著名道士吴筠有言:"虚名久为累,使我辞逸域。"我们的累,很多时候是因为追逐那些无谓的虚名浮利。

如果一个人热衷于对虚名的追求,那么他对于影响的关注就远远胜于事物的本身,终究会应了那句"图虚名,得实祸"的老话。虚名,终究是一个晃人眼的光环,一时耀眼却无法触摸,又何必为了一个没有实质意义的"虚头彩"而沉陷为名誉的奴隶?把"虚名拨向身之外",无论浮华劳碌,都保持一种恬淡悠然的心境;只有在这样的土壤中,生活才会慢慢散发出如菊般的幽香。

不知从何时开始,在这个社会中,鲜花和掌声就成了成功的附属品。而这些不切实际的荣誉的确能在不同程度上满足一个人的虚荣心。然而,当我们幻想着手捧花环、万人簇拥的时候,又可曾想到,没有辛勤的汗水,再怎么追捧吹嘘,也不可能换来丰收的果实。

爱默生曾告诫年轻人,幻想成功、追求名誉无可厚非,但更重要的是脚踏实地的精神。他说当一个人年轻时,谁没有空想过?谁没有幻想过?想入非非是青春的标志。但是,我的青年朋友们,请记住,人总归是要长大的。天地如此广阔,世界如此美好,等待你们的不仅仅是需要一对幻想的翅膀，更需要一双踏踏实实的脚！

　　一位自称是诗歌爱好者的乡下小伙子特意登门拜访年事已高的爱默生，说明自己从小就开始诗歌创作，只因地处偏远，一直得不到大师的指点，因仰慕爱默生的大名而千里迢迢前来求教。

　　爱默生看到这位青年虽然出身贫寒，却谈吐优雅、气度不凡，便热情地招待了他。老少两位诗人谈得非常融洽，其间，青年把自己的几页诗稿递给爱默生。一阵沉默后，爱默生认定这位乡下小伙子在文学上将会大有作为，决定凭借自己在文学界的影响而提携他。

　　爱默生将那些诗稿推荐给文学刊物发表，并希望小伙子能继续将自己的作品寄给他。于是，老少两位诗人开始了频繁的书信来往。

　　青年诗人的信一写就长达几页，大谈文学，辞藻华丽，激情洋溢。这让爱默生对他的才华大为赞赏，在与友人的交谈中经常提起这位青年。青年诗人很快就在文坛中有了一点小小的名气。

　　但此后，这位青年再也没有给爱默生寄来诗稿，而信却越写越长。奇思异想层出不穷，言语中开始以著名诗人自居，语气也越来越傲慢。爱默生开始感到了不安，凭着对人性的深刻洞察，他发现这位年轻人身上出现了一种危险的倾向。通信一直在继续，可爱默生的态度逐渐变得冷淡，转变成了一个倾听者。

　　后来，在一次秋季文学聚会上，老少两位诗人又一次相遇了。爱默生询问年轻人为何不再寄诗稿了。

　　"我在写一部长篇史诗。"青年诗人自信地答道。

　　"你的抒情诗写得很出色，为什么要中断呢？"

　　"要成为一个大诗人就必须写长篇史诗，小打小闹是毫无意义的。"

"你认为你以前的那些作品都是小打小闹吗？"

"是的，我是个大诗人，我必须写大作品。"

至此，爱默生有些惋惜，又有些无奈，只说了一句"我希望能尽早读到你的大作"，便没再理会这位年轻人了。

青年诗人完全没有听出爱默生的无奈，而是很自傲地说："谢谢，我已经完成了一部，很快就会公之于世。"

在那次文学聚会上，这位被爱默生所欣赏的青年诗人大出风头。他逢人便侃侃而谈，锋芒逼人。虽然谁也没有拜读过他所谓的大作品，但几乎每个人都认为这位年轻人必成大器，否则，他怎么会得到大作家爱默生如此的赏识呢？

但事实是，在那年的初冬，爱默生收到了这个青年诗人的最后一封信，终于承认了之前畅想的所谓大作品，完全就是子虚乌有之事。他在信中写道："很久以来，我一直都渴望成为一个大作家，周围所有的人也都认为我是一个有才华、有前途的人，当然我自己也一度是这么认为的。我曾经写过一些诗，并有幸获得了阁下您的赞赏，我深感荣幸。使我深感苦恼的是，自此以后，我再也写不出任何东西了。不知为什么，每当面对稿纸时，我的脑中便一片空白。我认为自己是个大诗人，必须写出大作品。在想象中，我感觉自己和历史上的大诗人是并驾齐驱的，包括尊贵的阁下您。在现实中，我对自己深感鄙夷，因为我浪费了自己的才华，再也写不出作品了。"

从那以后，爱默生就再也没有得到过这位青年的任何消息。

青年诗人为了满足虚荣心，一味苦苦地追求大诗人的头衔，却又不想脚踏实地地付诸努力，终究一事无成。可见，虚名只是一种无畏的追逐，它不但不可能把我们向成功的道路上指引，反而会让人堕入歧途。

诚然，几乎没有人不喜欢听好话，没有人不喜欢被颂扬。那种如沐春风的幻觉让我们越来越不切实际地希望自己被拍成电影，画成油画，夹进书里，装裱在先进典型的镜框里，万古流芳。但是，浮生一梦，须臾而逝，我们只不过是"沧海一粟"的过客。每个人离去的时候，生前身后的名声都将随即飘落。

每每想到居里夫人将英国皇家学会奖章作为玩具拿给孩子时，都不免感慨。她在面对法国授予的骑士十字勋章时，毅然谢绝说："我不要这块小铜牌，只需要一个实验室。"的确，虚名就像是玩具，只是供我们一时消遣之游乐。所有的虚名都无法替代求真务实的拥有。

不要再等"虚名白尽人头"的时候才痛心于那些光环、泡沫的破碎。悠长岁月，纵有琐事烦俗，纵有劳碌奔波，也都应保持一颗淡然之心，简简单单地直面所有的来临和结束，闲看庭前，漫观天外，看淡虚名，我们才能把握一些更实在的东西。

6

能做好期望管理的人，更容易提高幸福指数

关于幸福感，经济学上有个简单而有意思的公式：幸福＝效率／期望值。

显而易见，商值的提高无非两种途径：增大分母，降低分子。首先，提高效率，究竟是能增加幸福感还是会使人变得更加紧张焦虑，这尚且处于争议之中；且这是个并非短时间内就能有所改善的"技术活"，所以我们在此就不予讨论了。

那么，降低期望值显得就是一个更为现实而有效的方法。因为，它仅仅涉及一个心态调整的过程，只要不奢求过多，可接受的范围就将扩充不少。

心理学对"期望值"有着这样两方面的定义：

期望值是指人们对自己的行为和努力能否导致所企求之结果的主观估计，即根据个体经验判断实现其目标可能性的大小。

期望值是指社会大众对处在某一社会地位、角色的个人或阶层所应当具有的道德水准和人生观、价值观的全部内涵的一种主观愿望。

同时，针对很多的烦恼，心理学家认为可以遵循以下一些方法去行事：

当期望值无法得到满足的时候，最有效也是最简便的一个技巧就是，降低你的期望值。通过提问，认真倾听自己内心最真实的声音，从而准确地掌握期望值中最为重要的部分，然后对其进行有效的排序。

由此可以看出，期望值这个底盘越大，幸福感的塔顶便越尖细——无论这种期望是对物质，还是精神。

在现实生活中，人们总是不断地设置一个又一个的期望"高地"，然后一个又一个地去攻克、去占领，以为这样便可以得到幸福。殊不知，习惯了不断提高期望值的思维后，当我们费尽心机地实现了这个目标，消除了一个烦恼后，很快，便又会产生新的、没有实现的目标，继而又会为此烦恼。如此反复，永无尽头。

从那个关于幸福的经济学公式来看，一个人体会幸福的感觉不仅与现实有关，还与自己的期望值紧密相连。如果期望值大于现实值，人们就会失望；反之，就会快乐。在同样的现实面前，由于期望值不一样，我们的心情和体会就会产生差异。

往往，一些过高的期望其实并不能给我们带来快乐，却反而一直左右着我们的生活：不满足于"蜗居"的现状，在寸土寸金的房地产时代为了一套宽敞豪华的寓所而拼命至死；身边有一个爱你的人还不够，非要在大千世界里苦苦追求那个你爱的人，才算是拥有了完美的婚姻；孩子择校时，区重点不行，非要享受到全市最好的教育，才有可能成为最有出息的人；努力工作以争取更高的社会地位和金钱，这样才能买高档商品，穿名贵皮革，跟上流行的大潮，永不落伍……如此如此。

可是，富裕奢华的生活是需要付出巨大代价的，而且并不能带给人相应的幸福感。如果我们降低对物质的需求，改变这种奢华的生活目标，就将会节省出更多的时间来充实自己。轻闲的生活会让人更加自信而果敢，懂得珍视人与人之间的情感，以提高生活质量。幸福、快乐、轻松就是简单生活追求的目标，这样的生活才更能让人体味到"原生态"的甘醇。

由此可以说，当我们对生活感到失望时，几乎都是因为对经历过的事情抱有太高的期望。我们把生活想象得应该是以某种特定的方式呈现，但凡和事先预想的不一样，就会感到沮丧万分。

其实，如果仔细回想一下曾经走过的路便不难发现，在自己整个的生命历程中，至少某些部分是合乎我们所期许的。人只有在不同条件、不同阶段中随时调整自己的目标、心态和期望，才不至于被生活所奴役。当我们试着把期望值降低时，即使事情最后没有达到预期的效果，也不会因此太过失望。

但有一点需要注意的是，降低期望并不是让我们放弃工作，懈怠于生活。这只是意味着，只要尽力而为了，就不必太在意结果是否合乎预期。因为，沉淀下来的生活才能让人体悟到生命的真谛所在，而这种沉淀就要求内心对周围一切的期望是简朴的。

丢弃过高的要求，走进自己的内心，认真地体验生活、享受生活，我们就会发现，生活原本就是简单而富有乐趣的。

7

放手不意味失去，而是更好地拥有

"手把青秧插满田，低头便见水中天。六根清净方为道，退步原来是向前。"这是弥勒菩萨化身的布袋和尚看到农人插秧时所作的一首诗。农人手拿着青秧一步步往后退，退到田边，退到最后，就把所有的秧苗全部插好了。正因为倒退着插秧，才不至于踩坏秧苗，从而迅速地插完。

有时，退让并不是完全的消极，如同放手并不等于失败。我们抓住不放的未必就是最有价值的，心灵的重负也完全取决于一拿一放之间。不要拒绝五指张开的尝试，那一刻，就是打开井盖、融入天空的开始。

关于放手，有一个5分钱硬币和3万元古董花瓶的故事：

一位年轻妇人正在厨房里做饭，忽然听见从客厅里传来4岁儿子极度恐慌的声音："妈妈，妈妈，快来呀！"

年轻妇人闻声便立刻跑到了客厅，才发现原来儿子的手卡在了一个花瓶中无法脱出，因此痛得连声直叫。

她想帮儿子将手从花瓶中拉出来，可试来试去也无济于事。看着儿子脸上挂满了泪水，年轻妇人心疼至极，便找来一个锤子，小心翼翼地把花瓶敲破了。

费了很大的劲，儿子的手终于出来了。

这时，儿子紧紧攥成一个拳头，怎么也不松开的小手吓坏了年轻妇人。她想，难道是孩子的手在花瓶里卡得太久而变形了？

等她将儿子的拳头小心地掰开时，一面彻底松了口气，一面让她哭笑不得：孩子的手没事，他的小手心里紧紧攥着的，是一枚 5 分钱硬币。而那个刚刚被她敲碎的，是一个价值 3 万元的古董花瓶。

原来，淘气的儿子不小心将几枚硬币扔进了花瓶，便想把它们取出来，可由于紧紧攥住硬币的拳头大过了瓶口，于是就怎么也出不来了。

年轻妇人不由得问儿子："你怎么不放下硬币，把手松开呢？那样你的手就可以出来，妈妈也就不必打烂这个花瓶了。"

儿子只回答了一句话："妈妈，花瓶那么深，我怕一松手，硬币就掉下去了。"

为一枚 5 分钱的硬币，砸烂了一个价值 3 万元的花瓶，这个故事听起来未免有些可笑。但唏嘘一笑之后，我们可曾意识到，同样的故事也普遍存在于你我之间。有多少人正是由于将手中的东西抓得太紧，导致了因小失大的悲剧。这些人手中紧抓的"硬币"在他们看来都是十分重要的东西，比如利益、成就、权力、面子……但也许从未有人帮他们点破：这些其实都只是那"5 分钱"，人生的"3 万元"和更有价值的追求应该是感知幸福的能力。这决定了我们是否能有一颗平静而快乐的心，以及和谐而广阔的生命。

想来，人们之所以紧抓"硬币"不愿松手，可能是因为害怕一旦放手，这些本来已属于自己的东西就再也没有了。但假若我们再往下想，这种害怕失去的心理其实是因为内心的不安而造成的。

然而，所有对生命大彻大悟的人都告诉我们：真正的幸福与快乐并不在于手中拥有多少外在的物质,而在于内心能够容纳多少高贵而美妙的思想。人的一生从某种角度来说,就是一种不断拥有和不断失去的过程。在经历过无数次的拥有与失去之后,才能渐渐懂得,获得幸福与快乐的关键并不是无休止地追求,而是在适当的时候学会放弃。上幼儿园、小学、中学、大学,后者总是对前者的放弃。我们需要不断放弃已经熟悉的环境、已经适应的生活,才能实现自身的成长。然后,还有更多奢侈的欲望、冗赘的负担和消极的思想,等着我们有一天能够真正放下。

退后,有时是为了更好地前进,放手之后,未必就没有另一番风景。

如今的吴小莉已经很少在荧屏上露面,作为一位曾名满天下的主持人,当被问及从台前到幕后的转变会不会产生失落感时,吴小莉这样回答:

"我退到幕后既是事业的需要,也是我个人的主动选择。从事管理工作当然少了很多观众的关注与追捧,可是我会找到另一种满足。虽然工作岗位有了变化,但当新闻大事发生时我其实仍然在场。我个人和我们的频道共同存在着,所以不会有失落感,而是换了另一种成就感。我主动选择这样的岗位是因为这样生活更规律些,可以调配出时间照顾我的家庭。"

在分秒必争、竞争激烈的当代社会,吴小莉用柔和的进退方式换得了另一种生活。放手之后,别有一番滋味。如巴尔扎克所说,要想航行顺利,"常常学船长的样子,在狂风暴雨之下把笨重的货物扔掉,以减轻船的重量"。请记得:一叶落,荒芜不了整个春天。放心,放手,将烦琐清零,回归简单,便心生欢喜。

第二章

化繁为简
便是高效

化繁为简，体现在不要让过多的思虑阻滞前进的脚步，对复杂任务模式的简化，对目标任务的始终明确，同时，也表现在对纯粹务实的肯定。越简单的模式，越容易成功，保持主干，去除多余，才是工作中化繁为简的真谛。

❶ 对世界的过度构思,让前进的脚步迟疑

余秋雨曾说:"因为我们的历史太长,权谋太深,兵法太多,黑箱太大,内幕太厚,口舌太贪,眼光太杂,预计太险。所以,我们习惯对一切事物'构思过度'。"这个世界远没有人们想象得那般复杂,它简单得很,复杂的只是人心罢了。其实,人心也不复杂,只要肯丢掉对生活无限的"构思"。

刚走出校门的那段日子,他总是若有所思。告别了象牙塔,他不知道外面的世界究竟是什么样?无数前人的经验似乎都在告诉他:世界比想象中还要复杂。从那时起,他便对社会产生了一种畏惧感,害怕自己无法适应这个"复杂"的社会。

后来,他依靠着自己的能力找到了一份工作,然而这种喜悦感很快就被他的担忧和恐惧感取代了。做事处处设防,整天小心谨慎地生活,不敢和周围的人靠得太近,他平生第一次被孤独和无助吞噬了……

我们的生命是有限的,如果时刻抱着这种谨小慎微、战战兢兢的心理活着,那么生命无疑会变得沉重。它不仅增加了许多无谓的时间成本,也间接地加大了事业的信誉成本,降低了生命的质量。其实,我们无须想那么多,想那么远,没有必要让自己变成一个不停旋转的陀螺。让思

维跟着生活的脚步，有条不紊地进行，就能够在简单的生活中体会到惬意和满足。

没过多久，他的父亲发现了儿子的异常表现，便把自己的经验教训总结成三句话，告诉了初入职场的儿子。也正是这些简单的话帮助年轻人解开了心结，也让他日后的人生发生了改变。现在，我们把这几句拿出来和大家一起分享。

"做人无须思虑太多，顺其自然就好。"

有时候想得越多，心越急，得到的反倒越少；当你把所有的杂念都抛开，专注于自己分内的事，那些美好的东西反而会不请自来。对于自己无法把握的东西，强求也无用，反而不如顺其自然来得明智自在。

"不要压抑自己，也不要奉承巴结。"

人与人之间永远都不可能绝对的对等，也许是出身不同，也许是地域因素，也许是上下级关系，所以你没有必要压抑自己。一个趾高气扬的人，无论你多么尊重他，他也不会平等地对待你；如果你奉承巴结，也只能让他把你看得更轻。不管出身低微还是处境艰难，永远都不要寄希望于他人礼遇。当说时就说，当做时就做。只要别心虚和畏首畏尾，就不会让人轻易看不起，而这样做也能够让你赢得更多平等的机会和尊重。

"依靠别人，远不如相信自己。"

一个人应当有思想，有社会责任感，要懂得相信自己比依赖别人更重要。不同的人有不同的做事风格，只要你尽心尽力地做事，就不会被埋没，除非你怀疑自己的能力。不管做什么，都应该摆正心态，有机会时就为社会多做点儿；没机会时也要记住"为自己打工"，积累有形、无形的资本。要知道，为自己做再多的事情也不过分，不管人生的际遇怎样，脚踏实地的努力永远都是对的。

世界上的真理永远都是朴素的、自然的、简单的。就像一句广告词所说的那样：把简单的东西复杂化，太累；把复杂的东西简单化，贡献！世界比我们想象的要简单得多，所以不要人为地去给它徒添累赘。秉持一颗简单的心去做事，这就是对这个世界，也是对自己最大的贡献。

❷
越宏大的目标，越要选择简单的开始方式

空中网总裁杨宁在谈到商业运作模式时曾说："我一直遵循着'KISS原则'，也就是 Keep It Simple Stupid。可以理解为，越简单的模式越容易成功。"

不仅在商业领域，生活中的方方面面都是如此，化繁为简，才能出效率；删繁就简，起步时才更容易上手。往往，在复杂的人还在思考自己为什么没有成功时，简单的人已经开始走向成功了；他们善于把所有的问题都简单化，单纯到只剩下直奔成功的行动。

很多人心怀远大的目标，却往往在起步时就已经失去了耐心和勇气。因为他们的眼里有且仅有那唯一一个遥远而宏大的目标，也因此对目标的思考过于繁杂，总是去思考或计划着那些现在没有发生的，甚至以后都不可能发生的事。长此以往，不仅没有把握住未来，反而连现在眼前的也不知道如何开始。懂得把长远、宏大的目标分解成许多小目标的人，往往都深谙于化繁为简的做事方式。他们明白，如果想要顺利到达终点，其实只要用简单的方法，一步一步累积短期的目标，就可以并不费力地走向成功。

著名的战地记者兼作家西华·莱德先生曾这样描述他的写作过程：

"当我推掉其他工作，开始写一本 25 万字的书时，一直不能定下心来，我差点放弃一直引以为荣的教授尊严，也就是说几乎不想干了。最后我强迫自己只去想下一个段落怎么写，而非下一页，当然更不是下一章。整整六个月的时间，除了一段一段不停地写以外，什么事情也没做，结果居然写成了。

几年以前，我接了一件每天写一个广播剧本的差事，到目前为止一共写了 2000 个。如果当时签一张'写作 2000 个剧本'的合同，一定会被这个庞大的数目吓倒，甚至把它推掉，好在只是写一个剧本接着又写一个，就这样日积月累，结果真的就写出了这么多。"

可以说，目标的实现并不能一步登天，它需要一点一点地积累，一点一点地完成。当我们完成很多小目标的时候，他们汇总起来，就是一份大的成就。但我们从中更应该看到，正是这每一个"一点"的易操作性，才让那汇总起来的"一串"显得水到渠成——这也正是最简单的方法：把开始下手的复杂度降低，则更容易带动整体的运转。

人们有时会掉进自己目标的"圈套"中无法自拔。之所以称它为"圈套"，是因为那些远大却难以在短期内实现的目标很容易让人在其中迷失自我。它们的实现需要过程、需要时间，而这就需要有一个简单的方法让开始变得更容易，即对目标进行有效的分解。即使一个人拥有了目标，但如果不能对目标大而化之、繁而就简，那么，他就会感到相当疲累。有些人奋斗了许多年之后，仍觉得离那个最终目标还是很远，因为他们往往意识不到，在和刚起步时相比，自己已经有了很大的收获。参照的目标不同，收到的效果也不同。时间长了，便会觉得目标难以逾越，深陷在困惑的泥沼之中。

其实，在奔向目标的道路上，越简单的方法往往越容易打开成功的大门。许多人总觉得他人的成功很简单，而自己的成功却很难。这是因为，简单而实际上又有效的方法，很容易被人们所忽略。

哥伦布发现新大陆返回英国后，受到英国皇室成员贵宾似的礼遇。而许多王公大臣、绅士名流对这个没有爵位头衔的人嗤之以鼻。

一次，在英国女王为他接风洗尘的庆功宴上，名流大臣纷纷出言讥讽哥伦布："这有什么了不起的？我要出去航海，只要朝一个方向前进，照样也会有重大的发现！""太容易了！这种事谁碰上谁出名。哥伦布这家伙的运气真好！"

听到这样的讽刺和挖苦，哥伦布笑笑，起身说："各位尊敬的女士、先生，现在请大家做一个游戏——哪位能把鸡蛋在桌子上立起来？"

话音刚落，底下一片哄然。许多人跃跃欲试，但却没有一个人能够把椭圆形的鸡蛋立在桌子上。

终于，有人生气地发话了："别再愚弄我们了！大家立不起来，你也不能！"

这时，只见哥伦布拿起鸡蛋向桌子上轻轻一磕，鸡蛋的大头就凹了下去——就这样哥伦布从容地把鸡蛋立在了桌子上。

看到眼前的这一幕，所有人惊呆并沉默了两秒钟，继而引发了一阵更大的骚乱："这也太简单了，谁不会呀！"大家嚷嚷道。

"是的，这方法的确很简单，可是我说过了，这仅仅只是一个小游戏而已。"哥伦布笑着说，"但问题是，在这之前，你们为什么都没有想到过这个方法呢？"

老子说："少则得，多则惑。"有些人复杂地安排自己的人生，计划制订得很多样，可是计划越多，顾虑就越纷杂，思想始终不能彻底地释放，反而被自己混乱的思绪困扰住；有的人简单地安排自己的人生，认准目标，一步一步慢慢积累，他们只认定努力会有回报的简单道理，而没有让思想陷入复杂的困境。以最简单的动作迈出眼下这一步，或许才是赢得成功最有效的方式。

❸

将时间花费在于你而言最重要的事情上

有一本书叫《把时间留给最重要的事》，书中说管理时间难，长期坚持以重要的事情为中心来管理时间，进而管理自己的整个人生就更是难上加难。

因此，我们提倡简单的处事规则，把重要和紧急的事情加以区分，最大限度地降低时间成本。摒弃不分轻重缓急、混淆事务优先级的做事方法，把那些并不一定特别紧急却很重要的事情作为主角，集中精力和时间去做。如此，会让我们在删繁就简的过程中，享受到效率带给我们的成就之感。

把最优的精力、最多的时间用在最重要的事情上，这无疑是在为达成目标铺上一条最简捷的成功之路。首先，我们就有必要区分一下重要和紧急的不同。

重要的，一般是指与目标有关，凡有价值、有利于实现个人目标的就是重要之事。

紧急的，通常都显而易见，推脱不得，却不一定很重要。

重要但不紧急的事情，可以说是对个人而言最有意义的；也许短期内这些事情不会产生很大的作用，但若用长远的眼光去看，我们一定会从中受益匪浅的。通常这类事情的挑战性和困难度都很高，比如制定目标、规划未来、发展新的关系、学习新技能、改善饮食、开始新的训练项目、创业或者戒掉不好的习惯，又或者是参加明年的重要考试、年底的婚礼、下星期的应聘工作面试等。

紧急但不重要的事情，一般是本身重要性不高，但迫于时间的压力，需要赶快采取行动的情况。例如处理临时遇到的需紧急回复的工作文件、接电话等。

生活中，我们常常能见到许多人把大部分的时间花费在急迫但不重要的事务上，对时间严格的限制让人们往往容易产生"紧迫等于重要"的错觉。事实上，紧急的事情大都是针对他人，而非我们自己。

当我们忙于处理紧急事情而把那些重要却不急于一时完成的事务一拖再拖的时候，常常会因感到压力颇大而急于想休息放松。在这个过程中，那些重要却不紧急的事情就会在下一个"急活儿"到来之前搁浅。这样的情况会一直持续很长时间，而那些重要的事情似乎就永远腾不出时间去做，这也是造成很多人最后都与成功无缘的根本原因。

如果感觉到我们一直都在忙忙碌碌却没有得到任何收获，那么最大的可能就是，我们一直都在做紧急的事，而忽略了那些重要的事情。

世界上最宝贵的就是时间。鲁迅先生曾说："生命是以时间为单位的。"无独有偶，拉美谚语中也有这样的句子："丢失的牛羊可以找回，但是失去的时间却无法找回。"时间对于天下任何一个人来说都是公平的，它的一视同仁就体现在：它遵循着一种恒定的规律，是不可逆转、不可替代、不可储存的，它不会因为任何原因，给任何一个人一天中额外的时间。

要想在有限的时间里做出高效的事情，就要学会抓住重点，快速决断。人生的成本是时间的成本，在同一时空里我们是没有可能抓住两次相同的机会的。

纵观历史，横看世界，成功人士大都怀着这样一种纯粹而简明的想法，即他们的眼中只有最终的目标和为此设定的许多阶段小目标。只要是为了发展，达成这些目标的事情就是重要的，他们就会专注于此，紧紧抓住。

现在已是"凯利—穆尔油漆公司"主席的美国企业家威廉·穆尔，其企业之壮大、个人之成就怎么也无法让人想到，穆尔在为格利登公司销售油漆的时候，他第一个月的工资仅仅是160美元。

但是，即使在当时那样窘迫的情况下，穆尔也没有丝毫气馁。他仔细分析了自己的销售图表，发现他的80%收益来自20%的客户，但是他却对所有的客户花费了同样的时间。

发现这一不平衡的差异，对穆尔来说，可以说是巨大的转折，他立即转移了工作重点。穆尔要求把最不活跃的36个客户重新分派给其他销售员，而自己则把精力集中到最有希望的客户上。在很短的时间内，他一个月就赚到了1000美元。

在此后的事业发展上，穆尔也从未放弃这一原则，最终他走上了成功之道。

当今社会，由于经济利益的刺激，新鲜事物不断涌现，人们考虑问题似乎也越来越周全、细致，但实际上，这正是在消耗时间成本。很多人做事喜欢兜圈子、绕弯子，生怕别人知晓了自己的内心，生怕别人掌握了自己的动态。于是大家都慢慢变得深沉起来。这样做的结果只能大大增加做事的时间，走更多的弯路，消耗更多的生命。

　　对此，我们应学会限制时间的可利用性。具体体现在：不要在思维需要高度运转的时间，而固执地和他人发生争执，甚至非要把自己的观点强加于人；不要总是酝酿情绪，而要选择在我们精力最充沛的时刻立即动手。就像一句名言所说：人生最大的遗憾莫过于轻易放弃不该放弃的，而固执坚持不该坚持的。

❹

为避免做事杂乱无序，事先应做好有效计划

　　唐代文学家韩愈曾说："凡事预则立，不预则废。"这里的"预"说的就是一种预见性和计划性。不管做什么事情，事先做好详细的计划和充足的准备，才有可能取得满意的效果。

　　很多人一提起"计划"，就好像要着手于一件极其宏大的工程，畏难情绪一拥而上，觉得耽误时间的心理也跟风而至。实际上，事先计划能让繁乱复杂的团团头绪条理清晰地分明开来，为即将要开始的行动争取了时间，让后续的行事变得更加简单。并且，计划能让我们感到自己在做事过程中的明显进步，即使有时的进步是微乎其微，或者有时可能几天的计划都是一模一样的，但我们仍能从检验自己的执行力中获得大大小小的成就感。事先认真地做一份计划不但不会浪费时间，反而更多的时候能让我们事半功倍。

　　在劝告一位因做事杂乱无章而手足无措的人时卡耐基说："我们可以把生活想象成为一个沙漏；沙漏的上一半，有成千上万粒的沙子，它们都慢慢地很平均地流过中间那条细缝。除了弄坏沙漏，我们都没有办法让两粒以上的沙子同时通过那条窄缝。你和我以及每一个人都像这个沙漏。每一天早上开始的时候，有成百上千件的工作，让

我们觉得一定得在那一天里完成。可是如果我们不按照计划一次做一件，让它们慢慢平均地通过这一天，像沙粒通过沙漏的缝隙一样，那么到头来有可能一件事也没有干成。"

一次只流一粒沙，一次只做一件事。这就需要我们提前依据工作任务和工作特点，分清轻重缓急，制订出合理而符合实际的计划，才不至于在行动过程中像一只没头的苍蝇。

按计划做事，即是对自己要完成的事情有具体的时间规定，有步骤、有准备、有措施和有安排。这不仅能帮助我们有条不紊地安排自己的生活，更能帮助我们更好地处理各种事情。按照计划中的每一步准备好，接下来，只要一步一步朝着目标的方向走下去就可以。当最后一步也被做完的时候就会发现，我们的目标已经实现了。

在制订计划的过程中，人们必定会周密地预测执行过程中可能会出现的"意外因素"，从而在问题发生时不会因诧异惊慌而不知所措，而是能够按照当时的实际状况和预先考虑的对策有条不紊地进行解决。有了计划的指引，人们就能够减少犹豫，减少无谓的精力浪费，少走弯路，从而在尽可能短的时间内做尽量多的事情，提高工作效率。

在IT行业同样是叱咤风云的人物，"软银"总裁孙正义与凭借创新技术开拓市场的盖茨不同，他以资本作饵，诱使全世界疯狂追逐互联网新贵。在20世纪末，其数百亿美元的身价直追全球首富。

1957年8月，孙正义出生于日本佐贺县一个中产阶级家庭。他的祖父从韩国大邱迁到日本九州，先做矿工后务农。父亲靠着卖鱼、养猪、酿酒，慢慢富裕起来。

孙正义从小就表现出超常的领导力，而且做事很有计划。行内人都知道孙正义"用一年的时间赢得一生"的故事。

在23岁时孙正义花了1年多的时间来思考自己到底要做什么。他把自己想做的40多种事情都列出来，而后逐一地去做详细的市场调查，并做出了10年的预想损益表、资金周转表和组织结构图。40多个项目的资料全部摞起来足有十几米高。

然后他列出了25项选择事业的标准，包括该项工作是否能使自己全身心投入50年不变、10年内是否至少能成为全日本第一等。

依照这些标准，他给自己的40多个项目打分排队，计算机软件批发业务脱颖而出。

用十几米厚的资料做事业选择，目光放在几十年之后，这样的深思熟虑，这样的周密规划，注定了他日后的成功。

计划的目的是要促使目标的实现，而并不是对个人的一种束缚与管制。制订计划的过程其实就是一个自我完善的过程。所以在行事之前，一定要坚持制订计划，并坚信会实现它。

计划不分大小，都是通往目的地的灯塔和桥梁。大至国家的"五年计划"，小到个人的一年、一季度、一月、一周，甚至每天，都需要有一个明确的方向性和指导性。而计划就很好地充当了提纲挈领的引导角色，让自己做人做事有章可循。一个科学而周密的计划往往能减少人们通往目的地的阻力和波折，使得原本复杂的网络化问题变得如条条清晰明朗的单线一样，简单而行之有效。

❺ 对绝不能做的事情有一种判断和执着

两千多年前,孔子就认为君子要"有所为,有所不为"。"为"就是"做",应该做的事必须去做,这就是"有所为";不应该做的事必不能做,就是"有所不为"。如果一个人修身能修到有些不该做的事情别人都在做,而自己硬是不做,这就达到了一种境界,算得上是"君子"了。

"为"与"不为"在于取舍,或叫选择。我们在谋划应该做的事情时,也应该对绝不能做的事有一种判断和执着。如此的做事方式才让通向成功的道路更加简单,让我们感知生活的美好。

我国著名文学家林语堂先生的书斋名叫"有不为斋"。林先生对语言有精准的把握,他很好地截取了"君子有所为,有所不为"这句话,以此作为自己的书斋名,以提醒自己人生要学会取舍。而林语堂的一生的确也是"有所为,有所不为"的。

林语堂曾说:"写作的时候,也是我最快活的时候。"为了"最喜欢做的事",他一生"有所为"于写作,对我国当代文坛起到了不可估量的作用。

为此,林语堂断然"不为"于做官。他不止一次地表明自己的想法:有的文人可以做官,有的文人不可以做。自己对官场上的生活是无论如何也吃不消的，一怕无休止地开会、应酬、批阅公文，二不能忍受政治圈里小政客的那副尊容。

有一次，蒋介石要给他一个"考试院"副院长的职位，两人谈了好久。出来时，林语堂笑眯眯，一脸释然放松的神情。

友人说："恭喜你了，在哪个部门高就？"

他笑眯眯地回答："我辞掉了，我还是个自由人。"

林先生为什么不把书斋取名"有为斋"，而刻意截取"有不为斋"呢？或许在他心目中，"有所不为"比"有所为"更重要，从某种程度上来说也更难做到。

这个世界充满着矛盾，大大小小的事情很多时候都会有正反两面。就像有为与无为，选择其一，势必会放弃另外一个。鱼与熊掌不可兼得，适时地放弃不仅会让我们节省更多的时间去做更有意义的事，还可以避免繁乱忙碌后的"竹篮打水"。为人行事中，只有抛弃不适合之处，才能显现出真正的杰出。

有所不为是一种豪气和洒脱，是为了更深层面的进取，是一种真正意义上的简约。之所以举步维艰，是因为背负太重，之所以背负太重，是因为还未学会"有不为"。"如果不是当初罗谢尔夫人的那段话，也许我一直还处于'苍蝇乱转'的状态。"时至今日，已是斯坦福商学院教师的吉姆在回忆当初自己刚毕业的那段日子时，仍然感慨不已。

那时，吉姆在斯坦福商学院研究生班学习，师从罗谢尔·迈亚斯夫人和迈克尔·雷先生。他每天都拼命地工作，从早到晚忙忙碌碌。

后来有一天，罗谢尔夫人走到他的工作室，对吉姆说："我注意到了，吉姆，你是个做事相当没有条理的人。"这话让吉姆既吃惊又感到些许不服气，不管怎么说，他也自认为是那种每到新年伊始就认真设定目标并且付诸行动的人。

可还没等吉姆开口，罗谢尔夫人继续说道："你天生的旺盛精力使你做事不讲主次、没有条理，你每天过着忙忙碌碌的生活，而不是井井有条的和谐生活。那么现在，我给你布置一份作业：假设你明天醒来时接到两个电话，第一个电话说有一笔2000万的遗产由你继承，并且不需要任何条件；第二个电话告诉你得了不治之症，最多还有10年的时间。面对这两种不同的情况，你怎样重新理解生活的轻与重，更重要的是，你会不会做一些舍弃，有所不为呢？"

这个作业成了吉姆人生的转折点，他认识到自己确实有旺盛的精力，但是没有用对地方。而有所不为成了他制订年度计划的原则，这不仅帮助他厘清了思路，而且还懂得了如何分配时间——这一最宝贵的资源。

毕业后，吉姆在惠普公司找到了工作。虽然他非常满意这家公司，但并不怎么喜欢这份工作。而罗谢尔夫人的作业让吉姆认清了自己，使他明白了最适合自己的是成为一名研究人员而非一个商人。

于是，他停止了手中的工作，辞了职。最终，吉姆找到了适合自己的工作：他又回到了斯坦福商学院，有幸成为该院教师队伍中的一员，每天忙于各种研究和写作而乐此不疲。

对那些有悖于自己生活情趣和人生追求的事情，就要果断撇开，不让那些"不为"的繁乱干扰我们本该简单的生活方式。在舍弃繁杂中选择"不为"，就是为了更好地"有为"。

6

做事始终别丢掉对目标的关注

世界著名成功学大师拿破仑·希尔说:"没有目标的人注定一辈子为有明确目标的人工作。"这就好比一个人的头上缺少一颗启明星,即使抬头仰望,也是漆黑迷茫。

明确的人生目标是一种持久的热望,是一种深藏于心底的潜意识。每当想到这种强烈的愿望,我们就会产生一种心无旁骛的笃定动力,长时间地调动着我们的创造激情。简单明了的目标就像一个看得见的靶子,在我们一步一个脚印地向其逼近时,就会积累出越来越多的成就感,沉淀出越来越厚的平实心。而如果在心中没有确定自己所希望的明确目标,只会让事情变得事倍功半。

大学毕业前夕,给同学们上最后一堂课的是全系社会经验最为丰富的一位老教授。整堂课,他只和同学们讨论了一道题:"如果你上山砍柴的时候看到两棵树,一棵很粗,而另一棵很细,你会砍哪一棵呢?"

问题一出,坐在底下的同学们大都有些失望:太简单了吧?于是,传来一个同学懒散的声音:"当然是砍粗的那棵了。"

教授狡黠一笑:"那么,如果那棵粗的不过是一棵普通的杨树,而细的则是名贵的红松,你们会砍哪一棵?"

大家想都不想就回答了："当然砍红松了，杨树再粗也不值钱！"

教授依然含笑不语，不紧不慢地又问："那如果杨树是笔直的，而那棵红松却已经有些歪斜了，你们会砍哪一棵？"

看着教授高深莫测的微笑，同学们疑惑起来，也搞不懂教授的葫芦里卖的到底是什么药，就顺着他所给的条件出发，说："那就砍杨树吧，红松弯弯曲曲的，什么都做不了！"

这时，教授追着同学们的话音问："杨树虽然笔直，可由于年头太多，中间大多空了，这时候你们会砍哪一棵呢？"

至此，同学们已被教授搞得晕头转向了。终于有人问："教授，您问来问去的，让我们一会儿砍杨树，一会儿砍红松，选择总是随着您的条件增多而变化。您到底想测试什么呢？"

老教授这时才慢慢收起笑容，对坐在底下的同学们说："你们怎么就没问问自己，到底为什么要砍树呢？你们当然不会无缘无故提着斧头上山砍树了！虽然我的条件不断变化，可是最终结果取决于你们最初的动机。如果想要取柴，你就砍杨树；想做工艺品，就砍红松。"

教授看着这些即将毕业的学子们，语重心长地说："这是你们大学里的最后一堂课。卖了这么多关子，我只是想告诉你们，进入社会之后，当许多事摆在眼前，你们便很容易闷头去做那些事，往往在各种变数中淡忘了初衷，就常常会做些没有意义的事。一个人，只有在心中先有了目标、先有了目的，做事的时候才不会被各种条件和现象所迷惑，才不会偏离正轨。"

我们在生活中经常能遇到这样的情况。很多人做事是漫无目的的，只是为了做事而做事，为了填充心中的空虚和恐慌而忙碌。到头来，时间过去了，精力付出了，却没有得到很好的效果，甚至还把事情越弄越复杂。

石油大王洛克菲勒说过：奋斗者要想成功，最重要的因素是目标的选择。目标既是我们成功的起点，也是衡量是否成功的尺度。当人们的行动有了简单明了的目标时，就可以把自己的行动与目标不断加以对照，清楚地知道自己的行进速度与目标相距的距离。如此，我们做事的动机就会得到维持和加强，排除一切杂念，心无旁骛地付诸所有的努力去逼近那个既定目标。

目标感决定方向感，目标明了，方向才能清晰，做起事来自然就会感到简单不少。

哈佛大学有一个非常著名的关于目标对人生影响的跟踪调查，对象是一群智力、学历、环境等条件差不多的青年。调查结果发现：27%的人没有目标；60%的人目标模糊；10%的人有清晰但比较短期的目标；3%的人有清晰且长期的目标。

25年后，当哈佛大学再次对这批学生进行跟踪调查后发现，他们的生活状况及分布现象是十分有意思的：那些占3%有清晰且长期目标者，25年来几乎都不曾更改过自己的人生目标，他们始终朝着同一个方向不懈地努力，几乎都成了社会各界的顶尖人士。他们中不乏白手起家的创业者、行业领袖、社会精英。

那些占10%有清晰而短期的目标者，大都生活在社会的中上层。他们的共同特点是：那些短期目标不断被实现，生活状态稳步上升，成为各行各业不可缺少的专业人士，如医生、律师、工程师、高级主管等。

其中占60%的目标模糊者，几乎都生活在社会的中下层面，他们能安稳地生活与工作，但都没有什么特别的成绩。

剩下的27%是那些25年来都没有目标的人群，他们几乎都生活在社会的最底层。他们的生活没有着落，常常失业，靠社会救济，并且常常在抱怨他人、抱怨社会、抱怨世界。

成功与幸福，来自目标的确立与实现。有了目标，有了追求的方向，一切才会变得简单、明晰，成功也就变得可以期待了。

7

但求耕耘，莫问收获

清朝名臣曾国藩曾教育子女说："莫问收获，只问耕耘。"这是一种极其平易而纯粹的成事态度。它无不在向后人昭示着这样一个道理：收获是脚踏实地的耕耘所得，任何人的成功都离不开背后无数的辛酸与血泪。

农人之所以称为农人，或者说他们的价值，不是因为他们的收获多寡，而是因为他们辛勤的耕耘。尽全力，拼过程；扎实基础，但求耕耘。心中恒定着一个目标，便再无杂念地为之努力。这不仅让我们在付出的过程中收获了一种单纯而明净的快乐，而且自然也就形成了水到渠成的局面。

"我作为一名中国的科技工作者，活着的目的就是为人民服务。"钱学森用他的一生，实践着这个平凡而伟大的诺言。

钱学森是世界知名科学家，也是我国著名科学家。但他对中国院士和外国院士这些荣誉称号却看得十分淡漠。20世纪80年代，美国科学院和美国工程院曾先后邀请他去美国，拟授予他美国科学院院士和美国工程院院士称号，均被他谢绝了。

钱学森在青年时代就怀着学以致用、报效祖国之志出国留学，而当真正学有成就，蜚声海外时，钱学森便奋力争取回国。

回国以后，他勤奋工作，将自己学到的所有知识、智慧无私地奉献给了祖国和人民，他甚至将个人一生所得的几笔较大收入，或作为党费上缴组织，或全部捐给祖国社会主义建设最需要的地方。

耄耋之年的钱学森虽长期卧床静养，但仍旧时常思考一些国家建设中的大事。面对国家给予的诸多荣誉，他或请辞，或婉拒。并时常感叹"自己对祖国人民做得太少，而人民给予的太多了"。

只有心中纯明而无所杂念的人，才会但求耕耘，不问收获。因为他们都是极其简单的人，简单到只有一个想法——我有一片土壤，一个梦，然后便心无旁骛，不管挥汗如雨，或疾病困苦，只是始终如一地去耕耘。

其实想想，我们自己不就像是个农人吗？每一分辛劳，都是一种耕耘，而生活就是一方农田，随着年轮的增加，一春一秋的更迭，这方田里或减产或丰收，也直接决定了我们收获的快乐和幸福。

并不是到了应该收获的秋天时就一定能看到每家每户的"农家乐"。如果天公不作美，或旱或涝或虫或雹，这几种天灾，任何一种都会让"面朝黄土背朝天"的劳作成果化作泡影。同样，也并不是每一位农人的收获都是丰硕的，也许他付出的耕耘并不一定比旁人少。但收获这东西，是可遇而不可求的。总不能因为一朝一夕的收获，就抛弃耕耘了大半辈子的农田。

天道酬勤，只有不断地去耕耘，让农田感受到你的付出，那颗颗种子才能更有力地破土而出。

在希腊神话中，有一个叫西西弗斯的人物。他因犯了天条而受到天帝宙斯的惩罚，让他把一块石头推到山顶。但让人感到悲情的就在于，石头到了山顶后，就会自动滚到山脚。西西弗斯便不得不再到山脚把石头推到山顶，就这样日复一日，年复一年。

起初，西西弗斯每天不停地推着石头，痛苦不堪。但是有一天，西西弗斯豁然开朗，感到一切都变得那么美好。他发现，在他推石头的过程中，他推过了世间最美丽的风景：推过了春夏秋冬，推过了风花雪月，推过了蓝天白云，推过了电闪雷鸣。天上的飞鸟为他唱歌，地上的走兽为他舞蹈；微风为他送来花草的芬芳，雨水给他带来泥土的清香。

久而久之，西西弗斯推出了勇气和耐力，推出了胸怀和智慧。更重要的是，他感到自己推出了生命活在过程中的真谛。

在漫漫人生路中，无非只有两大内容：生命不同阶段的目标和走向这些目标的过程。目标固然十分重要，它确立了生命的方向。但走向目标的过程更加弥足珍贵，因为，所有生命的精彩都是在过程之中走出来的。我们所能够真正体验到的永远是一时一刻的感动，一草一木的芳香，或对一人一事刻骨铭心的记忆。

人们在做出一项决策或付出某些努力之前，总喜欢权衡利害得失，这本是人之常情，无可厚非。但有些人却过于患得患失，或纠结于事情的结果，或斤斤计较于可能付出的代价，这就不免错失很多良机，或者使本应快乐充实的奋斗过程背上了沉重而痛苦的包袱。"不播春风，难得夏雨。"倘若总问收成，不事耕耘，结果只能是空无一物。

"山不问高，仍然傲然挺立，巍耸入天；河不问长，仍然奔流到海，不舍昼夜。"这就是一种心无旁骛的简单。积之久矣，自然便会水到渠成。

8

越让你恐惧的，越要勇敢直面它

生活在北美洲的印第安人有一句谚语："不正面面对恐惧，就得一生一世躲着它。"对危险的惧怕往往要比危险本身更可怕。如果我们无法从内心真正克服恐惧，那么这个阴影就会一直跟着我们，变成一种怎么也无法逃脱的遗憾。

人们往往因为自身的弱小而产生恐惧，进而想用强烈的占有去填补；恐惧越深，欲望越强。但实际上，由此而获得的安全感须臾而逝，远不能抵挡住那种源自内心的恐惧感。因为，占有之后人们就开始担心失去，占有越多，担心失去的也越多，于是，更大的恐惧随之而来。如此说来，只有不断强大自己的内心，直面恐惧，才会获得永久澄净的安宁。

如果把人的全部恐惧当成一棵树的话，其他所有的恐惧只是树干、树枝、树叶，或者是树皮，而人类对死亡的恐惧就是树根。可以说，我们所有的恐惧其实都是从对死的恐惧中派生出来的。没有人能提前试验一次死亡，而不能实现的恐惧往往都是挥之不去的。所以，当死亡的事实真正来临的时候，人们终于到达了恐惧的根源与极致。所谓物极必反，这时候人的内心反而慢慢渐趋祥和安宁了。进而，人们也就无须通过占有去抵挡内心的不安了。

生活中有些人经常对某件事情充满了虚假的恐惧，就是俗话说的"自己吓自己"。比如，没有骑过车的人害怕骑车，不会游泳的人害怕下水，然后，便在自己的脑海中不断地臆想出许多危险的后果，仿佛身临其境。无论旁人怎样安慰与规劝，都无法让他们心中虚假的恐惧得到释怀。

其实，克服恐惧最好的办法就是直面它，具体来说，即让当事者逐渐地亲身体验恐惧，直至最后能发自内心地克服掉。来看看这位资深滑雪教练的授课心得：

"在我教人滑雪的时候，有很多从未穿过滑雪板的人总是害怕从高坡上冲下去时，由于速度过快而无法停下来，或是害怕由此而摔倒。他们总是把自己对滑雪的想象一遍又一遍地在头脑中强化，进而形成对滑雪的恐惧，最终，就真的不敢滑了。

"而在这个时候，我一般帮人克服恐惧的方法就是，由我亲身实践他们的恐惧，并要求初学者观看实践的过程。也就是说，如果有人害怕速度太快而停不住，那么我就会演示在怎样的情况下是无法停下来的，然后再演示怎样做就会停住。"

这样通过旁人演示而重现恐惧，我们就能逐渐感受到恐惧其实只是我们自己花尽心思而编织的。事实上，那个事物本身本没有我们想得那么复杂。尽可能地让自己有实际体验的感觉，只有实际体验才能改变人的思维，这也就是常说的"直接面对"。

大多数时候，人们的恐惧是因为自身的弱小而产生的。因为弱小，就会让人感到不安全，觉得自己的利益得不到可靠的保护。而利益是自身的一层保护膜，利益得不到保护，自身也就会感到不安全，并进一步产生恐惧。

所以，人们便想出了一种逃避的做法，希冀着可以变相地掩盖掉恐惧——这就体现在人们强烈的占有欲上。占有更多的权利、更多的名誉、更多的金钱、更多的资源，恐惧越深，欲望越强。一旦占有的目的达到了，就会获得一种自认为安全的笼罩。

可悲的是，这种用逃避来抵挡源自内心恐惧的方法只是暂时的，因为，占有之后人们便开始担心失去，占有的越多，担心失去的也就越多，于是，更大的恐惧随之而来。

可见，恐惧是我们生命中的不速之客，时时刻刻盘踞心头，每当外在环境微起波澜，它就迅即渗透到我们的意识当中。通常，我们想排挤它、赶走它，或者麻痹自我而忽略它的存在。然而，恐惧始终潜伏着，如同死神从来没有因为人们不愿触及就自动隐退一样。

所以，逃避恐惧并不能把它消灭；只有直面恐惧，我们才有机会将其打败。如果我们用"无畏"的态度来观察恐惧，就可以看得出它的双重面孔：因为害怕不已，我们麻痹瘫痪；因为心怀畏惧，我们积极迎战。危难当头，恐惧往往是一个信号或警告，激励着人们打败它。我们能做到也是必须做到的就是：正视自己，增强信心，坚信自己有能力在任何时候，沉着地面对任何事情——这是一种内心的强大。

❾
切勿过于重视技巧而忽视本分

《论语·雍也》："有澹台灭明者，行不由径。"这句话是子游在向孔子夸奖一个叫澹台灭明的人，说他走路从来不抄近路。后被世人延伸开来，也用来形容一个人办事勤恳踏实，并不投机取巧。

技巧本无褒贬之意，只是在如今过分追求效率的时代中，被人们赋予了太多急功近利的色彩。技巧若是建立在勤奋刻苦的基础上，不失为锦上添花的点睛之笔；但若悬于激进浮躁的空气中，只能是加速失败的导火索。

人之初时，所有的捷径之路尚未可知，我们心中只有一个简单的想法：踏踏实实，一步一个脚印，才能连成一条通往目的地的路。而后，不断地发现了 A 技巧、B 攻略，从此便浮尘攘攘、不安于心，恐怕掌握更多技巧的同伴会因此超过了我们。

于是，那些简单的方法被我们认为是笨拙而低效的，我们开始一头扎进钻营技巧的浮海中。用演算和推理徒生出许多新的逻辑，把前方的路缠绕得越来越难以行走。

你看，生活中处处都有这样自作聪明的实例。

在备考雅思英语时，他没有把主要精力投放在学习内容本身上，而花了大量的时间和精力去搜集历年考题，仔细对比分析，研究所谓的解题方法和技巧，试图从中总结出一些出题规律。除此之外，他还订阅了十几本英语考试的刊物，不放过任何一篇带有"技巧"和"攻略"的文章。

终于到了上"战场"的时候。考场上，他发现由于自己连最基本的词汇量都不够，导致了甚至连一篇完整的阅读文章都无法顺利读完。结果自然不言而喻。

语言的运用是一种技能，但这种技能不单单只是专靠技巧能够获得的。没有单词的积累就看不懂句子；无法准确理解句子，整篇文章的意思自然也就会出现偏差。这不禁让人想起了那句"不积跬步，无以至千里；不积小流，无以成江海"的古训。方法和技巧只能适当利用，并且要从亲身的学习实践中摸索出来，才能起到锦上添花的作用。

成功就像是练武术，如果没有扎实的基本功，不踏踏实实地将事情做到位，再多的花拳绣腿都是不堪一击的虚招。

有些人并不是"先天不足"，相反，往往还具有比一般人更多的天赋，但最终的结果仍然是失败。其中一个重要的原因就在于，他们习惯了投机取巧，不愿意付出与成功相应的努力。他们希望到达辉煌的巅峰，却不愿意经过艰难的道路；他们渴望取得胜利，却不愿意付出辛苦的努力。

这个世界上，没有任何事物可以忽略其中的过程而一跃成功，这是大自然中最简单的道理，却往往被我们所忽略。

从前，有一个非常喜欢生物的小男孩，很想知道蛹是如何破茧成蝶的。可是蝴蝶倒是看见的不少，但蛹却很少见。

有一次，他终于在草丛中发现了一只蛹，便将其带回了家，日日观察。几天以后，蛹出现了一条裂痕，里面的蝴蝶开始挣扎，想抓破蛹壳飞出去。艰辛的过程达数小时之久，蝴蝶仍在蛹壳里辛苦地挣扎，那对翅膀怎么也扑棱不出来。

小男孩看着蝴蝶这么痛苦，有些不忍心，很想帮帮它。于是他找来剪刀，将蛹壳剪开，里面的小蝴蝶瞬间就破蛹而出了。

但让小男孩万万没有想到的是，那只小蝴蝶毫不费力地从蛹壳出来后，因为没有经过破茧而出的锻炼，翅膀的力量太薄弱，以致根本飞不起来，不久，它便痛苦地死去了。

破茧成蝶的过程原本就非常痛苦，然而同时，只有经历了这一艰辛的过程，才能换来日后的翩翩起舞。捷径也许能让我们获利一时，但从长远来看，却埋下了不可预知的隐患。只有经过厚实的积累，一步一步登上的巅峰才会站得稳、站得久。

古罗马人有两座圣殿：一座是勤奋的圣殿；另一座是荣誉的圣殿。他们在安排座位时有一个秩序：必须经过前者，才能达到后者。那些试图绕过勤奋、寻找荣誉的人，总是被排斥在荣誉的大门之外。

技巧终归只是虚招，一味地钻营技巧反而会使本来至简朴素的方法变得复杂纷繁，反而让我们劳心劳神。过于重视技巧而忽视本分，即使获取一时的成功，最终也必将导致另一种形式的失败。

阵脚慌乱时，及时暂停

前中国国家女子排球队主教练陈忠和说过："在球场上，碰到传手不稳、守备疏忽的情况，我就会叫暂停，以求安定军心，鼓舞士气；遇到阵脚混乱，频频失分时，我也要叫暂停，为的是指导战略，稳定情绪。"

在人生的战场上，如果我们节节挫败、感到力不从心的时候，也不妨叫一次暂停！让自己享受可贵的宁静，整理杂乱的思维，重新计划。这是一种技巧、一种缓冲，休整的同时，重拾信心，从而更好地前进。这短暂的停息在漫长的人生中简直是一刹那，却可能让我们扭转颓废，重整旗鼓，再度出击。

很多时候，我们总是不甘落后、不甘平庸，总在更新着理想，更新着目标。不断更新的理想和来不及实现的现实间总有一段距离，这让我们觉得落后和恐慌，让我们一刻也无法放松。我们总生活在理想中的未来，而非现在，所以，只有奋力地奔跑、再奋力地追赶。

原来，我们很少想到自己已经拥有的，却常常看到尚未得到的，于是，没有的就成了理想——我们的理想就是这样被制造出来的。因为有理想，所以必须不断追赶；因为有理想，所以对现在总是不满；因为有理想，所以把现在过得很不理想。

丽红从参加工作后，就一直是个"拼命三郎"：在杂志社做编辑时，因为胃出血而住院。可就在卧床休息的二十天里，她仍然在床上不分昼夜地赶稿子。后来在某集团工作时，因为太多的加班熬夜，竟然在副总裁面前汇报工作时当场"失声"。外派工作时，她白天走访市场，晚上熬夜赶写报告，竟然在周一早晨给员工训话时晕倒在众人面前。她要处理太多的突发事件、公关事件，丽红就像在跑步机上行走的人，从来不曾停歇过，总是脚步匆匆、马不停蹄。

终于有一天，生命的传送带还在继续运转，而前进的齿轮却坏了——她彻底崩溃了。同时，也终于有机会停了下来。

在长时间休养的日子里，丽红发现，她离开了原杂志社，杂志社照样存在；离开了原集团公司，公司照样在赚钱；离开了那些老下级，他们也各自活得很精彩。现在，就只剩下她自己，没有把自己照顾好，成了朋友关注、家人揪心的对象。

她对此反思："是的，我该停一停了，把背上的包袱放一放，好好地喘一口气。其实，人生的遥控器是掌握在自己手中的，在我40岁时，我把'人生遥控器'果断地终止了快进键，按下了暂停键。"

我们应该辩证地看到，忙碌是一种幸福，而清闲有时候也是一种境界。生活中有太多的波折，当我们在遇到挫折时，何必要选择"重启"呢？按下"暂停"键，思考一下，也许问题就会迎刃而解。

暂停不是原地踏步、得过且过，而是坐下沉思，反省自身；暂停也并非停滞不前、坐以待毙，而是调整方向，重新计划；暂停亦不是精神颓靡、自暴自弃，而是一种蓄势待发，广采众家精华，再起斗志。

也许，在我们过去平凡的生活中，还没有触摸到生命的本质。如若有一天，当生命最真实的状态展现在眼前时，我们就有可能得到新的领悟。

杰克已经是一位功成名就的商人了，但他仍想扩展商业版图，把生意做到地球的另一边。

就在前往西岸的考察途中，他和同事一行十数人突遇灾祸，被困在太平洋中。他们毫无希望地在大海中漂流了长达一个月之久，最后竟奇迹般地获救。

回来后，杰克好像变了一个人：缩小了自己的贸易公司，开办起一家养老院，每天和老人在太阳底下喝咖啡、聊天、唱歌、下棋，笑声不断。

周围人都惊讶于杰克如此巨大的改变，当被问及原因时，他回答说："自从那次海上遇难后，我学到了人生中最重要的一课，那就是：如果你有足够的新鲜水源可以喝，有足够的食物可以吃，就绝不要再奢求任何事情。"

我们其实已经拥有了很多，却仍然在不断追赶着自己所欠缺的，得到越多就越发停不下来，向前追逐的路永无尽头。这时我们就需要一种暂停的勇气，不仅让身体得到休息，更重要的是让心灵得以卸载。生活的意义不在于忙碌后的结果，而在于实现梦想的过程。在努力打拼的同时，别忘了学会随时暂停，学会享受生活。或许，幸福的生活正在后面奋力地追赶着我们，只要暂时停一停，它自然就会与我们会合。

⑪

承认自己的能力限度，跳脱过度繁忙

美国著名汽车公司福特汽车的创始人亨利·福特在回忆当初自己的管理方式时，感慨良深地说："没有一个人是无所不能的。如果当初没有我的及时改变想法和退出公司，也许福特公司就不会有这么大的发展。不管一个人的地位有多高，也不管他有什么样的成就，都会不可避免地犯这样那样的错误，没有谁是无所不能的。"

一个人的能力是有限的，认识并接受了这样一个事实，我们便懂得凡事不要苛求自己。如果非要把自己拔到那些完不成的极限和遥不可及的梦想这个高度，又怎能不心受折磨？尊重客观规律，辩证地把握强弱；抱着一种顺其自然的心态去追求、去努力，也就足够了。

在福特公司创立之初，公司很多技术都是福特本人开发出来的，他也因此以技术而闻名。福特也认为自己无论是在企业管理，还是研发技术方面，都是无所不能的，似乎没有哪一部分能离得开他。

然而，在福特技术内部研究所里，整个公司技术人员都在为用"水冷"还是"气冷"冷却发动机而发生了激烈的争论。大部分技术员都支持采用"水冷"来冷却发动机，但是福特却认为"气冷"是最好的，因此整个福特公司生产出来的汽车都是"气冷"式轿车。

没过多久，在一次美国举行的一级方程式冠军赛上，一位车手驾驶福特汽车公司的"气冷"式赛车参赛。一开始，福特汽车遥遥领先；但在第三圈的时候，由于速度过快导致车身失控，赛车撞上了旁边的防护栏后油箱爆炸，车手被烧成重伤。

此事引起了"气冷"式轿车的销量剧减。技术人员要求研究"水冷"式轿车，可此时的福特还是坚持研究"气冷"式轿车，以至公司的几名技术人员准备辞职。

"您是觉得您个人身兼数职重要，还是整个公司重要？"福特公司的副总经理感到事态严重，果断地找到福特。

面对这样严肃而直接的质问，福特惊讶地回答道："当然是整个公司重要了。"

"那就同意让他们去研究水冷引擎。"副总经理的毫不留情让福特猛然醒悟过来，明白了事态的严重性，也明白了自己一直以来大包大揽的角色错位。

于是，福特亲自召见了所有的研究人员，宣布公司以后技术研究的主要方向由他们决定，自己只是管理。紧接着，福特把当时想辞职的几名技术人员全部委以重任，自己也不再插手技术方面的问题，而转向了管理。

后来，公司的技术人员开发出适应市场的"水冷"式发动机，再加上福特先进的管理技术，福特汽车顿时销量大增。

就像福特事后感慨的那样，没有谁是无所不能的。只有正确地认识自己，才能有明确的发展方向，一个人如是，一个公司也不例外。"越位"的人生往往让人们总是抓狂于自己的苛求中，身心疲惫而沉重。让自己背负"超人"的角色越多,对苦闷的体验也就越敏感。

没有人是三头六臂、无所不能的,即使再优秀的人,如果不把事情分担给别人,也会被所有的苦累压死。适当地休息,承认自己能力有限,才能真正从过度紧张的生活中解脱出来,过上张弛有度的生活。

第三章

摒弃耗费心力的过度思考

不是世界太喧闹,而是你的心太吵。生活中原本没那么多烦恼,很多不过庸人自扰。当你学会摒弃对焦虑和烦忧的过度思考,将注意力聚焦在真正关心的事情上时,心情自然开阔平和,心性自然简单纯净。

❶
别惧怕从零开始，从零开始每一步都是得到

社会学家做了一个实验，将从 1 到 10 十个数字摆在测试者面前，请他们从中挑选一个。多数人选择数额较大的数字，这证明在潜意识里，人们都想得到更多。还有人选择了自己的幸运数字，他们认为这个数字代表一种好兆头。只有一个人选择了"0"。

社会学家问这个人为什么会这么选，这个人说："因为 0 预示着无限的可能，如果今后我获得了 7，加上这个 0，我就得到了 70，我的起点是 0，获得却是别人的十倍。"

在数字里，"0"是最奇妙的一个，看似什么也没有，只要前面或后面随便加一个数字，就会变成"有"。测验者们面对数字选择题，按照常规思考模式，尽量选择数值大的，或者自己喜欢的，没有人愿意选择"0"这个数字，因为它代表的是一无所有，没有人希望自己一无所有。

但是，其实任何事都是从零开始的，小孩子出生时不会说一个字，不过几年就变得能说会道；小学生不懂人生道理，不过几年就会变成小大人；初入社会两手空空，不过几年就会有自己的存款……改变一切的不是时间，而是自己的努力。小孩子会模仿大人说话，一点一点地学习语言；小学生会在不断的错误和改正、批评和表扬中，在家长老师的教

育下，明白什么是对什么是错，很快走向成熟；社会新人经过在工作岗位的打拼，学会了生存的技能，有了切实的人生目标，也体现了自己的价值，能够正视"0"的人，就能够正视自己的现状，也就有了改变现状的可能。

"零起点"是我们经常听到的一个词，培训班要注明"零基础学习"，加盟店会标注"零起点经营"，这种普遍现象说明了现代人的心态：渴望从无到有。从零开始，包含了一种对自己的鼓励和期待，从零开始，我们不会失去什么，而不管得到什么，都代表了我们的努力。生命是一个从无到有的过程，而且是一个反复从无到有的过程，"0"有巨大的作用，有些人甚至愿意放弃现有的资本，让人生清零，重新规划自己的生活。

大学毕业时，来自农村的洪磊经过了一个月的尝试，没有在大城市找到满意的工作。看到几个老乡每天不懈地投简历，洪磊却有了另一种想法：在城市读大学不一定要留在城市，回到农村一样有发展。

洪磊看中了养殖业，他首先用家里的存款买了一批兔子，因为缺少经验，没能及时处理一只生病的兔子，导致这批兔子死了一大半。从此以后，洪磊到处向人询问养兔子的技巧，还和几个兽医交了朋友，不厌其烦地到邻村向养兔达人取经，终于在年底赚到了几万元。这不是一笔大数目，但洪磊靠这笔钱建了一个小型的"养殖基地"。

几年后，留在大城市发展的老乡们还在为每个月的薪水奔忙，而洪磊的事业却越来越好，成了远近闻名的"养兔大王"。

从一个大学生变为养兔大王，不只要实现心态上的转变，也要切实地面对每日的养殖工作，离开城市回到农村的洪磊做到了这一点。他从零开始，一切从头学起，正是这种良好的心态，使他取得了留在城市的老乡无法取得的成绩。

很多人害怕"0",失去双亲的孤儿、高考失利的考生、生意失败的商人、刚刚离婚的男女……生活中的"0"随处可见,它代表了某一方面的一无所有,或者完全失去。这两种情况都能让人变得脆弱,甚至否定自己的能力和存在。但是,任何时候都不能否定过去的自己:孤儿曾经被双亲喜爱,现在也背负着他们的希望;高考失败意味了另外一种人生可能,上大学并不一定适合你;生意失败但经营许久的人际还在、货源关系还在,这都增加了东山再起的可能;离婚的男女至少曾经拥有爱情,人生更加丰富,既然一切能够从零开始,感情也能够重新开始,曾经拥有过、满足过,就是最大的收获。

当生命装得太满,心灵承载过多的时候,我们需要手动清理,将那些繁杂的心绪扔掉,让自己重新充满活力,接受更多新的观点、新的方式,给自己寻找新的机会、新的快乐。这就是使自己回到"0"的状态。不要害怕一无所有,手中的"0",代表的是无限种可能。因为是"0",没有那么多的压力,没有那么多的顾虑,最差的结果不过是失败,本来就一无所有,失败又有什么关系?

多数时候,我们没有信心接受这个"0",因为它虽然包含了对未来的期待,却也代表了对过去的某种否定。人们在什么时候愿意将过去抛开?一是失败的时候,二是想要另起炉灶的时候。前者虽然无奈,却也包含了勇气,后者则是一种魄力。可以说,能够接受"0"本身就是一个了不起的行为,那证明这个人拥有极强的承受能力。

有一个事实常常被人们忽略——任何数字都有负数,只有"0"没有。本来空无一物,又怎么会有负担和压力?每一次清零,都意味着我们回到生命原初的状态，也许什么都不懂，什么都需要学习，却拥有无限的未来、无限的希望，所以不要惧怕从零开始，懂得"0"的人都是智者，把握"0"的人更能够勇往直前。从零开始，意味着与过去告别，向未来迈出扎实的一步。从零开始，每一步都是得到，都是成功。

❷ 与其花费精力思考福祸，不如逆向思维探知转机

一条货船在风暴中遇难，只有一个船员靠抓着一块门板漂流到附近的一个小岛上。小岛上荒无人烟，船员靠身上携带的火种和简单器具，生火、抓鱼、净化海水，维持自己的生活，他每天都盼望有船只经过，能够将他带回大陆。他安慰自己："大难不死，必有后福。"

可惜"后福"一直没有来到，一天又一天，船员没有等到来救他的船只，他用岛上的木头盖了一个简单的房子，继续等待。一次他出去抓鱼，没有燃尽的柴火蔓延到整个木屋，船员的小屋化为灰烬。看到自己耗费心血的屋子被烧毁，船员的心中充满绝望。

正在这时，没想到的事情发生了，一艘船竟然向小岛驶来，船上的人对船员说，在海洋上没有人会注意类似的小岛，幸好船员发现燃起的浓烟，让他们意识到岛上有人，才会赶来救援。

一次意外的火灾使遇难船员的小木屋化为灰烬，但让人没想到的是，火灾的浓烟竟然使路过的船只发现了这个小岛，并使船员获救。海难过后还能生存是福，一直无人救援是祸；居住的木屋被烧是祸，因为浓烟获救是福……好运与厄运相随，人生的福祸是无法说清的。

几千年前我们国家就有"塞翁失马"的故事，塞翁家失去一匹好

马，人们说他倒霉。塞翁说没什么倒霉的，也许是福气。塞翁一直生活在"福—祸—福"的过程中。那匹马几经周折，带回来另一匹马。后来塞翁儿子骑马摔断了腿，再后来因为断腿，塞翁的儿子免去了战死沙场的危险。旁人随着这些事的发展感叹不已，只有塞翁一直是个看透福祸的智者。他懂得老子所说的"福兮祸之所依，祸兮福之所伏"，面对得失福祸，能够保持一份常人没有的平静心态，让他能够经受住人生的大起大落。

面临意外，人们习惯性地探讨是福是祸，究竟是吉星高照还是大难临头。把精力集中在思考福祸上，就会忽视更重要的东西：是福不是祸，是祸躲不过。它既然已经来了，你唯一能做的就是面对它。生活中人们总是希望自己能够幸福，祸事越少越好。当幸福来临时，他们心情愉悦；当祸事来临时，他们怨天尤人，诅咒命运不公，认为自己倒霉。其实不论是福是祸都是人生的常态，没有人能够一直幸福。生命中总有这样那样的不如意，让人感受挫折和困难；当然，只要心态好，没有人会一直倒霉，聪明的人甚至能转祸为福。

澳大利亚有一位传奇农夫，曾在业界引起轰动。这位农夫曾用所有积蓄买了一块地，结果发现那是一块劣质的盐碱地，不但不能种庄稼，连草都很难生长，牛羊在那里也无法存活。那片地并非一无所有，在烈日下，能看到成群的剧毒响尾蛇，这样一来，这位农夫甚至都不能在那块地上盖房子了。

农夫痛定思痛，决定因地制宜，利用响尾蛇赚钱。他首先向人学习捕蛇技术，将蛇胆卖给制药厂，又将蛇肉卖给全国的餐馆，蛇皮也不能浪费，全都出售给皮革制造商。靠着这三笔买卖，这块地的价值翻了几番，它的收入远远大过一块普通的田地。

倒霉的农夫买到了一块劣质盐碱地，好在农夫是个有头脑的人，懂得因地制宜，地里有蛇，他就打起了蛇的主意，只要有智慧，敢于开动脑筋，剧毒的蛇也能变成财富。农夫学习捕蛇技术，将蛇的各个部位分别销售给有需要的地方。靠着这些害他险些破产的蛇，他成了富翁。这就是人们常说的"因祸得福"。

很多时候，就算我们知道了人生是一个福祸兼有的过程，还是达不到塞翁的境界。我们的承受能力有限，人生阅历有限，有福的时候高兴，倒霉的时候痛苦，这是凡人的状态，也是生活的真实。我们还年轻，没有经过那么多历练和风浪，不必强求自己立刻就拥有"万事随缘"的心态。但我们需要的是一种面对祸事积极向上的心态，相信天无绝人之路，相信再大的灾祸也有转机，但凡事业型的人，都能够在绝望中发现一线生机，进而反败为胜。

什么是人生中最大的福祸？每个人都有自己的答案，但每个人的回答大体出于同一个思路。人生最大的福气是心愿得到满足，不论这心愿是为自己还是为他人；人生最大的祸事莫过于愿望的破灭和感情的缺失，任何一种祸事都伴随着失去。祸事可能剥夺我们的能力、机遇、亲友的性命，甚至我们的未来。但正如人们常说的，上天为你关上一扇门，就会为你打开一扇窗子。面对失去，我们要想开一点。只要不放弃自我，从长远看，任何祸事都可能预示一种新的开始、新的机遇。

任何事物都是两面的，有黑就有白，有阴就有阳，福祸也是如此，不论何时，我们都要擅长发现生活的另一面，只有在幸福中发现不幸的苗头，才能及时制止，让幸福得以长久；在灾祸中发现另一种可能，才能转危为安，转祸为福。一个旅人经过长途跋涉，发现他走到了路的尽头，前面就是海洋。他没有埋怨海洋挡住自己的道路，而是说："我终于知道了这条路究竟有多长，这是一件了不起的事。"这就是积极的思维，它能让人在迷茫中得到安慰，在挫折中得到快乐。

将注意力只聚焦在你真正关心的事情上

一位禅师带着几个俗家弟子走过一片花田，他对弟子们说："你们每个人都要摘一朵最美丽的花。"弟子们在花田里走来走去，都想找到那朵"最美丽"的花。

有人从花朵的叶子、根茎、花瓣的层次来挑选，有人以花朵大小为选择标准，有人挑拣带有香气的花。他们摘起自己心目中最美的花，禅师问："你们确定这是最美的？"

徒弟们都不太确定，他们回过头看花田里的其他花朵，觉得那些花比手里这朵更加美丽。只有一个徒弟坚定地说："没错，我手里的花就是最美的。"禅师指着几朵花说："你看，它们难道不比你手中的更香、更好看？"徒弟坚持说："不，只有我手中的花才是最美丽的。"

禅师说："每个人对美丽的标准都不一样，只有自己相信的、喜欢的，才是最美的。坚信自己的选择，这就是幸福的道理。"

选择了就认定，如此心思纯简，才能让自己不因徘徊犹豫而浪费幸福感。然而，坚持自己的判断并不是一件容易事，有太多东西左右着我们。那位徒弟坚信自己的花是最美丽的，但事实上世界上一定会有更美丽的花，也会有人不断向他证明那朵花并非他想象的那么好，这个时候他还能够坚持下去吗？何况，花会枯萎，这个徒弟的幸福又有多长时间，这都是未知数。我们所能把握的只有此刻的"最美"，以及坚持这种信念的勇气。当遇到更漂亮的花，我们始终坚守着手中花朵的芬芳与美丽。当手中的花慢慢枯萎，我们感谢它陪伴自己度过那么难忘的时光。唯有这种依恋，才能使"最美"持久。

  人人都要面对婚姻问题，每个人都有自己的考量标准，比如，一位到了适婚年龄的女人准备结婚，拥有事业的她却不知道应该挑选一个怎样的丈夫。是挑一个和自己能力相当、能够相互扶持的人，还是挑一个性格温和、后勤型的人？也许最后，她挑选了一个酷爱根雕的穷教授，这个人既不能帮助她的事业，也不擅长做家务，还常常让她操劳，可她觉得幸福，因为这个人是她爱的人。很多人挑来挑去，最后才发现自己挑的不是条件，而是心底的感情，中意的才是最好的。坚持这种信念，就是生命中最重要的事。

  战国时候，很多百姓为了躲避战乱，逃进深山。一个农夫用斧头伐木，为家人盖了一座房子，又和邻人们开垦山间平地，种下庄稼。

  一天，农夫正在劳动，突然有人来告诉他："赶快回家！你家的房子着火了！"农夫急急忙忙跑回家，辛苦盖成的房子已经化为灰烬，他拉住邻居焦急地问："我的家人在不在里边！"邻人说："他们都在后山，什么事也没有。"农夫松了口气，又在烧毁的房子里翻来翻去，翻出一把斧头，兴奋地说："太好了！斧头没有烧掉！只要安个木柄，以后还能用！"

  邻人们不解地问："房子都被烧光了，你为什么这么高兴？"农夫说："虽然房子烧光了，但我的家人平安无事，就连我的斧子也没事。

很快，我就能用它再为我的家人建一个更好的房子，我为什么要不高兴呢？"

农夫辛辛苦苦建成的房子被火烧掉，他说家人还在，工具还在，很快就能有更大更好的新房子。面对灾祸，农夫的豁达来自他乐天的个性，也来自他对生命的认知：没有什么比家人更重要、比生存下去的能力更重要。只要最重要的东西都在他手上，他没有理由悲观。

经历过生死灾祸的人往往变得更加平和，在与死神擦肩而过的时候，他们懂得了生命的短暂和生存的不易，一旦有了重新开始的机会，就会少了抱怨，少了计较。有什么事能够与生命本身相比？我们没有那么多的时间挑剔自己、挑剔别人，只要活着就是一件好事，为什么要让琐事干扰自己的好心情？我们还有那么多的事要做呢。

同样地，经历过挫折的人也更能明白拥有的可贵，很多成功的商人都说，他们的财富是由失败累积的，一次又一次的失败使他们成熟。当他们面临失去时，心理承受能力会变得强大，个性也更加坚韧。经历得多，对事情的看法就会越来越通透，对事业，要有上进心，对成败，要有平常心。抓紧最重要的，忘记无关紧要的，人生就是这样一个过程。

当我们靠近那些天生有缺陷的人，就会更加明白什么是生命中最重要的东西。当你看到一个盲人的脸上有满足平静的笑容，也许你会问他："你幸福吗？"他会说："幸福，因为我可以说话，我的耳朵也很灵活，能听到很多动听的声音，还有很多正常人听不到的细微声音。"因为生理上有限制，他们更加感激自己健全的那一部分，也使他们更加珍惜生命。

有些人常常认为自己的生命不完美、不完整，缺失了很多重要的东西，以致只能羡慕旁人。其实，有失必有得，如果能够把着眼点放在"得到"而不是"失去"上，放在那些最重要的东西上，而不是计较细枝末节，每个人都能够热爱生活，珍惜生命，更加懂得快乐的意义。

④

人人都会输，你也可以输得起

一位中国厨师去法国学习厨艺，听老师讲了这样一个故事：法国厨师极其重视个人荣誉，如果在重要场合做坏了一道菜，就会引为奇耻大辱，曾经有个厨师在一次王室宴会上失手，他羞愧地切下一根手指。中国厨师听得哭笑不得，他说："我们中国有句古话，'留得青山在，不怕没柴烧'。一次失手，以后还有的是机会，切了手指今后怎么做菜？"

因为做坏一道菜而切断了一根手指，听到这样的故事，我们和那个在法国学习厨艺的中国厨师看法一样，既为法国大厨的专业精神感叹，又难以认同其行为：为什么要把一道菜看得如此严重？一次的得失有那么重要吗？

每个人都有失败的经历：期待已久的晚会终于到来，却因生病不能上台主持；经过一年的紧张备考，考出的是不尽如人意的分数；加班加点完成的竞标项目，最后以一票之差败给对手；每一天都在努力锻炼，比赛时却总和劲敌的成绩差0.1秒。现实常常让我们无奈，失败的结局让人沮丧，仿佛多日的付出一瞬间就付诸东流，再也没有支撑下去的动力。"输"的滋味不好受，一直输的滋味更让人难以招架。

面对现实，我们要学会理智地退后。在中国古代战场上，将军们都曾溃败，当敌人大军压境，保存实力才是当务之急。他们清醒地认识到，逞一时的匹夫之勇，葬送的不只是一支军队，甚至是一个国家的未来。这与我们面对现实压力的情形有什么不同？和那些将军们一样，只要我们心中没有放弃斗志，就可以暂时放一放、忍一忍。一时的认输不代表一辈子爬不起来，总有东山再起的机会。

一个网球选手输掉一场比赛，这已经是他十四次输给同一个对手。每一次公开赛，他都离冠军只有一步之遥，那个对手似乎永远站在自己前面，不可超越。网球选手的心灵备受折磨，如果没有那个对手，他就是胜利者，为什么他总是输给同一个人？

终于有一天，这个网球选手战胜了他的对手，但他心里并不高兴，因为那个对手在那场比赛明显状态不佳。比赛后，记者和观众纷纷向他道贺，又为那位对手惋惜，没想到对方却毫不在乎地说："没关系，每个人都有输的时候，下一次再赢回来。"

那一刻，这个网球选手才明白，他与对手的实力并没有那么大的差距，差的是心态和气度。每次比赛，他在乎的是输赢，而对手在乎的是比赛本身。他输不起，对手输得起，所以他一直背负着压力，对手却怡然自得。

想通了的网球选手用所有的时间来磨炼球技，他仍然经常输给同一个对手，但他也欣慰地发现，他们的差距在缩小，他输的球越来越少。他坚信总有一天，他能超越对方，站在冠军的领奖台上。

优秀的拳师都信奉一句名言："想要打赢，先学会挨打。"学拳的人都要先挨别人拳头，挨打多了，自然知道如何躲闪，如何伺机反击，如何琢磨对手的拳路克制对方，最后总结出如何打倒对手的经验。想要成功也是如此，不经历失败如何获得经验？不经历失败，只能一辈子纸上谈兵，或者守着自己的小摊子无法突破。只有经过大风大浪，才能明白所有的"失败"都能转化为"得到"，输得起的人往往是赢得更多的人。

有些人把得失看得太重，认为只有输赢才能证明自己的价值。其实赢了又怎么样？真正懂得生活、珍惜生活的人，固然看重自己的荣誉，想要争取一次次胜利，同时也知道失败并不是大事，人生起起伏伏，谁能常胜？有几个对手激励自己，让自己更加努力，不也是一种快乐？

❺
当你不再介意结果，就不再畏缩胆怯

阿辛是杂技团的明星，它是一头三岁的成年狮子，每天都有好几场演出。每当它从燃烧的火圈里一跃而过，观众们就会发出热烈的掌声。它在驯兽员的悉心教导下，每天刻苦练习高难度动作，逐渐成了杂技团的台柱演员。

一日，驯兽员对阿辛说，有个世界知名的马戏团明天会来看阿辛的表演。如果阿辛让他们满意，他们考虑把阿辛买到自己的马戏团，这样一来阿辛就能跟着那个马戏团在全世界范围内进行演出，让更多的人知道自己，阿辛很兴奋。

在第二天的演出中，它不断告诫自己："一定要做好动作，一定要做好。"可事与愿违，阿辛没有跳过最高的火圈，还差点在跳火圈时烧到自己。得到进入马戏团机会的是杂技团的另一只狮子，这只狮子和阿辛不一样，它一直在告诉自己："进不进入马戏团无所谓，重要的是把今天的演出表演好。"

两只同样出色的狮子，决定结果的不是它们的能力，而是心态。阿辛太想表现自己，那些平日它做起来轻而易举的动作突然变得困难，导致它连连出现失误。另一只狮子不在乎是否能被选中，心理压力自然没有那么大，发挥也就不会失常。换言之，因为太过看重这件事，导致阿辛心中产生了畏惧。

畏惧是什么？畏惧就像一个人受邀参加一场宴会，宴会开始后她却坐在停车场的汽车里发怵，担心自己的衣服不够华美，想着要不要回家换一件；担心自己的发型被弄乱，看上去失礼；担心没有人邀请自己跳舞，会很没面子；担心有人邀请后自己发挥得不好；担心人们看她的眼光、对她的评价，毕竟这是第一次参加宴会……担心来担心去，直到宴会开始，她也没有勇气推开车门走进会场。如果没有那么多担心，这本是一场愉快的宴会。当一个人在乎的事情太多，就会产生畏惧。

很多畏惧并不是事实，只是来自内心的担忧，就像成语"杞人忧天"的主角，整天担心天要塌下来，其实天塌下来又能怎么样？他无力阻止，还不如安心过自己的日子，其他事等天塌下来再说。这就是一种"无所谓"的心态。"无所谓"并不是什么都不在乎，而是在乎的地方与别人不一样。多数人在乎的是得失，是结果，"无所谓"的人在乎的是过程，在乎自己的付出和努力。只看结果，也许是一种折磨，重视过程，却是一种享受。

有些畏惧是自己的无中生有，有些畏惧来自切身经历的危险和考验。当生命和尊严面临威胁时，唯有提高勇气。那么勇气来自哪里？同样是一种"无所谓"的心态。当我们面对危险时，首先应该想出最糟的后果，最糟的不过是"失去"，能够接受这种结果，自然就能让自己尽快冷静下来，寻找解决问题的办法，而不是惊慌失措，满脑子想的都是悲惨的后果。有时候我们害怕的并不是他人，而是自己的胆怯。当我们把自己吓倒，敌人就可以借机对我们为所欲为；当我们冷静下来，就会发现那个想要伤害我们的人内心其实同样胆怯。在很多情况下,"狭路相逢勇者胜"是一句至理名言。

每个人都有胆小的一面,世界上没有那么多"无所畏惧",但有时现实却会逼迫人们勇敢。一个出了车祸高位截肢的人对旁人说:"我也诅咒过自己的命运,可那有什么用呢?现在我安慰自己,出车祸以前我能做的事是一万件,失去双腿之后,我只能做五千件,这就意味着我可以用别人的双倍精力做这五千件事,还要比他们做得更好。"接受现实就是"无所谓",接受现实的结果就是你能比旁人更务实、更冷静,更能应对生命中的种种畏惧。

6

无须过度忧思，顺其自然总有最好的答案

在古代有个贤明的国王，国王身边有一位才华出众的宰相。不幸的是，这位宰相不到四十岁就英年早逝，国王需要选出另一位贤臣接任他的位置。

候选人有两个，一个是前任宰相的副手，另一个是内阁大臣。两个人年纪相当，都有优秀的能力和深厚的学识，国王为选谁出任宰相大伤脑筋。最后，国王想到了一个办法，他派手下秘密出宫，分别告诉那两个人："根据我的消息，国王明天就会任命你为宰相！"

听到消息后，两个人的表现截然不同，副宰相兴奋得一夜睡不着觉。多年来的梦想就要实现，他怎么会不兴奋？内阁大臣却镇定自若，丝毫没把这个好消息放在心上。国王听了手下的汇报后，摇摇头说："听到能当宰相就睡不着觉，这么没有平常心的人，怎么能扛起一个国家的重担？"第二天，国王宣布由内阁大臣出任宰相。

我们都知道《儒林外史》中有个叫范进的人，这个范进考了多年的科举，终于在年老后成为举人。听到中举的消息后，他高兴得发了疯，最后还靠老丈人一个巴掌把他打醒。范进之所以会发疯，是因为他禁不住中举的狂喜，换言之，他经不起大风大浪，他已经把整个生命都赌在

科举上，认为他的人生意义只和中举有关。对功名的追求，让他失去了宁静的心。

在生活中，我们的心灵也是波动的，常常无法得到安宁。外界的喜乐、诱惑、伤害，随时都在缠绕我们，激荡我们的情绪。当我们在爱恨情仇中沉浮，感到痛苦和失落、悲哀与叹息时，我们由衷羡慕那些"采菊东篱下，悠然见南山"的隐士，认为他们超凡脱俗，而自己却是芸芸众生中的庸碌之辈。我们却不曾想过，自己也可以一样做一个闹市中的隐士，在诱惑面前保持低调与冷静，在风浪面前保持心平气和，不急不躁。

一位商人拜访一位隐者，他走过崎岖的山路才找到隐者隐居的木屋。一路上，他的心被恐惧占据。坐下之后，他问隐者："住在这样的深山，面对随时会有狂风暴雨的大自然，可能还会遭遇盗贼和猛兽的袭击，你难道不害怕吗？"

隐者说："难道你觉得你比我安全？你难道不是要随时面对强大的压力？你面对的不是强盗，是笑里藏刀的对手；不是猛兽，却是比猛兽更凶险的交通意外，你难道不害怕吗？"商人说："我已经习惯了这种生活。"隐者说："同理，我也习惯了这种生活，我们都是顺其自然的人。"

一位商人去山林里拜访隐士，一路上心惊胆战，经过长途跋涉才到达隐士的居所。他认为面对未知的大自然，人类很难掌握自己的命运；隐士认为，在城市里人们看似能够掌控自己的生活，其实手中的一切都有可能被意外夺走。最后，两个人达成共识：只要习惯了一种生活，顺其自然，就能克服心中的畏惧，泰然自若。

在繁忙的都市，我们很难有山林隐士的境界，但至少我们能够让自己修炼出一种豁达的心态，对待事业，要明白有成功就有挫折；对待感情，要知道有收获就得付出；对待人际，要理解人有善的一面，就有恶的一面……当人们能够平心静气地看待周围的一切，将一切看得"平常"，他就能收敛很多不必要的脾气和对命运的恐惧。

苏珊小姐从伦敦登上去纽约的飞机，她要去参加一个商务会议，正在闭目养神时，飞机一阵剧烈的颠簸，机舱里的乘客发出惊恐的叫声。苏珊连忙将手放进公文包，拿出护照塞进自己的套装领口中。

经过短暂的颠簸，飞机恢复平稳，乘务员广播说刚才遇到了一股气流的冲击。大家松了口气，苏珊邻座的男人突然问："冒昧地问一句，刚才您为什么把护照拿出来？"苏珊从容地说："如果坠机，我希望能有个凭证，让人尽快认出我的身份。"一席话，让飞机上的人敬佩不已。

面对可能的飞机失事，苏珊想到了顺其自然，让人尽快确认自己身份。死亡的确让人恐惧，但人们面对它并不是无能为力，苏珊知道要用最后几分钟保留证明自己身份的文件。我们不必苛求自己看淡生死，但当灾难来临的时候，至少我们知道自己该做什么：与它抗争、寻求帮助或者当我们知道结局无法避免，也要想办法保留最后的尊严，或者给牵挂的人传递一份消息，这既是顺其自然，又是顺从本心。

"自然"这个词包含了多重含义，它既指大气土地、阳光水分、人类和万物，也指水从高处流向低处、花开就会花落这些不容改变的定律。人生也有"自然"，有生老病死，有福祸参半，有沉浮挫折，在这样的"自然"面前，唯有像看待长河东流一样看待生命中的困境，才能做到处变不惊，才能在逆境中寻找到出路。

生命的真味在于顺其自然，感受自然。当我们为得失感叹、为输赢计较的时候，千万不要忘记，一颗宁静的心才是生命的最好伴侣。它能够陪你面对一切风雨，给你真正的安宁与享受。

7

风雨不可怕，泥泞的道路才能真正留下脚印

一位老师对一群孩子说："今天我们来做一个测试，在学校门口有一条路，你们谁能在上面留下自己的脚印，谁就能得到奖励。"

为了得到奖励，孩子们想了各种各样的办法，有的人在鞋底涂上白灰，有的人在路上使劲跳跃。白灰很快被风吹走，孩子也不可能把地面踩出印子，他们的努力没有任何结果。

下午下了一场大雨，街道变得泥泞。一个聪明的孩子灵机一动，跑到那条路上，结果，泥路上清楚地留下了他的一连串脚印。老师满意地说："你们一定要记住，风雨并不可怕，因为只有在泥泞的道路上，才能真正留下自己的脚印。"

老师正在给学生上一堂特别的人生课，他说每个人都想留下足迹供人怀念，平坦的大路人来人往，想留下脚印不是那么容易的事。而一场大雨过后，在泥泞的道路上，却很容易留下痕迹，因为这个人已经遭遇了足够的挫折，付出了足够的努力，甚至做出了巨大的牺牲。

翻看历史，就会发现遭遇挫折并不是一件坏事，它是成就人生必须经过的磨难，它能最大限度地激发人的潜能。比如春秋时期的重耳，他原是晋国王子，因遭受迫害离开自己的国家，几经颠簸，尝尽心酸，离

开自己的国家长达十九年。十九年，在追兵的追捕中，在无处可去的绝望中，一个纨绔公子磨炼出坚忍的心性，结识了有才能的大臣，修炼了为人君的气度。最后，重耳重回晋国夺得王位，并在一批能臣的辅佐下成为中原霸主，晋国也一跃成为春秋时最强大的诸侯国。由此可见，挫折是一笔巨大的财富。

著名作家毕淑敏曾说，命运有时会把挫折和辛苦作为礼物一股脑送给你，不管你愿不愿意要，都要拆封。命运的礼物自然有它的深意，磨炼让人成长，挫折让人成熟，当一个人经过足够多的磨难，他与成功仅有一步之遥。这个时候，他应该感谢曾经的磨难，也应该告诉自己失败乃成功之母，再跨一步，他就是胜利者。

一个刚刚开始学小提琴的女孩正在对妈妈诉苦，她说她完全跟不上老师的讲课节奏，她的老师每天都要求她练习高难度的曲谱，令这个初学拉琴的女孩吃不消，但那位老师很严格，总是严厉地批评她指法上的错误。女孩压力大，每次去上课前都心惊胆战，还有好几次被老师骂哭。

她将这些委屈全部告诉母亲，问母亲自己能不能不再练习小提琴，或者换一个老师。母亲却笑了一笑，缓慢却坚定地摇摇头说："严师出高徒，你是可造之才，老师才这样要求你，你一定要努力，让他满意。"

无奈的女孩依旧战战兢兢地去上音乐课，还是经常被老师骂哭。直到有一天她去参加一个音乐比赛，初试指定的题目都是有难度的名曲，很多参赛选手无法顺利完成，女孩的演奏却如行云流水，感动了不少评委。那一刻，女孩才终于明白老师的苦心。

学小提琴的女孩每天要做大量练习，她因此对自己的老师产生不满。直到她去参加一次比赛，发现自己比任何一个人都更优秀，这时她才明白平日的勤学苦练是提高自己的唯一途径。想在人才济济的音乐界获得立足之地，除了比别人付出更多的努力，还能有什么办法？

有时候，我们觉得付出始终与收获差了一步，这短短的一步却是不可逾越的距离，那一边是我们梦寐以求的成功，这一边是对现实的失望。我们脚下总有泥泞和杂草，而别人脚下却是红毯和鲜花。其实，那些踩在红地毯上的鞋虽然华美，但那双脚却早已布满厚茧，那些比我们成功的人，是经历了更加漫长的跋涉，才走在我们前面。我们需要的不是嫉妒也不是羡慕，而是赶快加紧脚步，才不至于被他们落得越来越远。

我们都有泡茶的经历，不论杯中的茶叶如何，一壶滚水浇下去，茶叶沉沉浮浮，顷刻就散开了沁人心脾的清香。但如果倒进杯中的是冷热适宜的温水，茶叶半天都不会舒展，喝到嘴里的茶水也寡淡无味，让人扫兴。如果把人生比作茶叶，那些成功的人都曾在滚烫的水中浸泡过，才让自己脱胎换骨，而温水就如一帆风顺的环境，怎样浸泡都没有滋味。只有滚水才能冲出香茶，只有历经坎坷才能活出人生的真滋味。

过去不能重来，那些失败仍然压在我们肩上，即使淡忘，余痛还在。只有从中汲取珍贵的经验教训，才对得起自己的努力。失败并不证明你无能，也可以证明你的坚强，跨过失败这道坎，前方总有新的机会。人生如果是一杯茶，不经过沸水的冲泡，如何散发清香？想要品味人生，不妨也泡一杯清茶，看茶叶沉沉浮浮，不正像我们的心灵在挫折和喜悦中起起落落？不必惧怕挫折，达观一点，天将降大任于斯人，一切都为了今后做得更好，走得更远。

8

许多烦忧不过是对心力的无端消耗

如果明天注定会有烦恼,那么今天的时光就更加宝贵。但往往许多烦心和忧愁都是自我束缚的绳索,是对自己心力的无端耗费,无异于给自己设置了虚拟的精神陷阱。过好眼下这一刻,也许下一刻的形势甚至会随之改变。所以在人生的储蓄卡上,请记得不要预支烦恼。

明天的烦恼真的能在今天解决吗?让这个故事中的小和尚来告诉我们吧。

在远离闹市的深山幽林中,坐落着一个很大的寺庙,被百年老树荫蔽着。每逢深秋,寺院的地上便铺满了厚厚的一层落叶。有一个小和尚便是专门负责在每天早晨把这些落叶清扫干净的。

然而,在寒凉的秋冬之际,清晨起床清扫落叶实在是一件苦差事。有时,伴着清扫,一阵寒风吹过,又有些许树叶随风飘落。这样,每天早晨都需要花费很多时间才能把已经落在地上的树叶清扫干净。这让小和尚头痛不已,一直琢磨着能有一个什么好办法可以让自己稍微轻松些。

小和尚一时愁眉不展,被一个师兄看见了。问清原因后,师兄嘲笑小和尚脑子不开窍,最后不屑地告诉他:"明天打扫落叶之前,你先用力摇一摇树,尽可能地把更多的树叶摇下来,这样后天就不用再那么辛苦了！"

小和尚半信半疑，但想到秋寒的早晨那份冷气，不禁打了一个寒战。于是他决定按照师兄的方法试一试。

第二天早晨，小和尚起床后推开门，不禁呆住了：昨天扫得很干净的院子里，仍然一如往昔地落叶满地——明天，他还是要扫明天的落叶！

这时，寺院的住持方丈走过来，摸摸小和尚的脑袋，意味深长地说："孩子，无论你今天怎样用力，明天的落叶还是会飘落下来啊！"

生活中的我们又何尝不是和这个小和尚一样呢？总是企图把人生的烦恼都提前解决掉，以便将来高枕无忧，以为那样就能彻底地摆脱烦恼，过上自由自在的生活。

殊不知，这个世界上有太多的事情是无法提前预支的。过早地品味将来的烦扰，除了给自己带来更多无谓的沮丧，让生活变得更加沉重之外，没有一点是对问题有所益处的。所谓"活在当下"，就是一天的担当一天承担好，便是为下一天的轻松提前做好了准备。

世事忙碌中，人们往往都心神不宁地担心着明天和未来。可是，如果明天注定会有烦恼，今天的所有情绪都是于事无补的。不预支明天的烦恼，才能使我们的生活更加轻松而富有诗意。正如冒险家埃尔勒·哈利伯顿所说："怀着忧愁上床，就是背负着包袱睡觉。"甩掉预想出来的包袱，便不会再有那么多繁杂的思绪来充斥着心灵，由此，澄净才会开始。

9

将失去视为人生的常态

一代名臣曾国藩曾说:"得失有定数,求而不得者多矣,纵求而得,亦是命所应有。安然则受,未必不得,自多营营耳。"

其实,人生就是一个不断得而复失的过程,就其最终结果而言,失去比得到更为本质。随着整个生命的离去,我们所拥有的一切都将失去。世事无常,没有任何一样东西能够被真正占有。既然如此,又何必患得患失?我们应该做,也是所能做到的,便是在得到时珍惜,失去时放手;安然于两者之间,心平而气和。

我们总认为得到本就理所当然,失去反而成了非常态。所以,每每失去,就不免感伤和追忆。其实,每个人心中都是明白的,在漫漫人生长河中,得失相伴随时。人生苦短的叹息,花开花落的无奈,即使诗画中也是风雨和阳光同在。这才是大自然的规律,也是普通人的平凡生活。

然而,平凡中自有升华。每一次的觉悟和放弃都是一次洗礼。伤感过后,仍是要回到现实生活中的,日子并不会因为个人而改变。就在这渐进式的理解中,便会懂得超脱地望向未来。

东晋大诗人陶渊明向来被世人奉为安贫乐道、高洁傲岸的精神典型,《五柳先生传》中的一段文字便足以为证:

"环堵萧然,不蔽风日;短褐穿结,箪瓢屡空,晏如也。常著文章自娱,颇示己志。忘怀得失,以此自终。"

想当初,那不为五斗米折腰的陶渊明也曾有过报效天下之志,十三年的仕宦生活是他为实现"大济苍生"的理想抱负而不断尝试、不断失望、终至绝望的十三年。然而终究,赋《归去来兮辞》,挂印辞官,彻底与上层统治阶级决裂,毅然不与世俗同流合污。对于所谓的世事得失,怎一个"潇洒"二字了得。

回归故里后,陶渊明一直过着"夫耕于前,妻锄于后"的田园生活。初时,生活尚可,"方宅十余亩,草屋八九间","采菊东篱下,悠然见南山",生活虽简朴,却乐在其中。

后住地失火,举家迁移,生活便逐渐困难起来。如逢丰收,还可以"欢会酌春酒,摘我园中蔬";如遇灾年,则"夏日抱长饥,寒夜列被眠"。然而,其安然于得失的本色,丝毫不改,稳于心中。

陶渊明的晚年生活越加贫困,却始终保持着固穷守节的志趣,老而弥坚。元嘉四年(427年)九月中旬,神志尚清时,他为自己写下了《挽歌诗》三首,在第三首诗中末两句说:"死去何所道,托体同山阿。"如此平淡自然的生死观,情也飘逸,意也洒脱。

虽然我们可能无法达到陶渊明的境界,但至少可以抱有一颗淡泊明志、从简修行的心。平静地面对得失,执着于自身超脱;固然炎凉冷暖,又何碍于以冷眼旁观,泰然自若。

得到的并不一定是最好的,也并非是让我们刻骨铭心的,但这却是属于我们能够拥有的。得不到的就不要执迷于此,失去也未必不是一种简单和轻松。清风两袖间,更显得飘逸和潇洒。

平日里，我们好像只关心自己已经失去的，一味地沉浸于喋喋不休的埋怨与追悔中，无形中留下了许多伤感与怨恨。其实，快乐与否，只是我们内心看待得失的角度，就像这位老者。

老人家久居山野村落，每天早晨都往返于水井与家之间，只挑两担水。

日子久了，水桶就有点漏，滴滴答答，一路上洒下长长一行水滴。路人提醒他说："您换个水桶吧！"老人家笑笑不语，依旧挑着旧水桶来，挑着旧水桶去。

后来，仍不断有好心人提醒，老人除了感谢之外，依然没有任何改变。邻居终于不解地问道："您那么辛苦地挑了一担水，可水桶是漏的，等走到家时恐怕早已漏掉了小半桶。这么白费力气，何不换一个好桶呢？"

老人坦然一笑，说："没有白费力气啊。你回头看一看，这一路走来，我桶里漏的水不是都浇了路边的花草了吗？你看它们长得多好啊！"

对于得与失，老人早已释然并通解，所以有了如此安然而平和的心态。失去其实并不可怕，可怕的是我们不能够正视现实。往往，当我们对失去感到遗憾的同时，可能就在不经意间得到了另一种收获。既然已经失去了，又何必耿耿于怀、纠缠于心呢？放弃不必要的冥想，珍惜眼前的平凡，自娱自乐，心安理得，没有刻意的追求，便不会有失去的伤感和沉重。

月亮的残缺并没有影响到它的皎洁，人生的遗憾也不该遮掩住它的美丽。不要再让担忧与焦虑消耗我们的精力，心态的调整只是一念之间的意识。安然于得失，简明的心性，胸襟便自然豁达于明媚之中。

将"烦恼流"严格控制在当下的房间里

漫漫长路，人生舞台，会有不同的布景搭建出贴有不同标签的空间环境。我们要学会在各种纷纭扰攘中"关门"，在贴着"情感"标签的房间充分享受情感，在贴着"工作"标签的房间充分展现工作能力，在贴着"休息"标签的房间安心休息。但是，享受每一刻纯粹生活的前提是，关上其他的房门。如此，"烦恼流"便不会随意涌入所有的人生空间。

英国前首相劳合·乔治有一个生活习惯：平日里，他每走过一扇门，便随手把身后的门关上。对此，乔治向朋友们微笑着解释说："我这一生都在关身后的门。你知道，这是必须做的事，当你关门时，也将过去的一切留在了后面，不管是美好的成就，还是让人懊恼的失误，然后，我们可以重新面对。"的确，在人生的旅途上，如果我们能"随手关门"，将烦恼抛在身后，那么在走出困境、实现人生价值的同时，也就获得了一份淡雅安宁的心志。

一个技工师傅被英国的一个农场主雇用来安装农舍的水管。可没想到开工的第一天，竟是这样度过的：先是技工驾车驶往农舍的路上，因为轮胎爆裂而足足耽误了两个小时。他满身大汗地到了农舍，刚要干活时，又发现电钻也坏了。最后，连他让别人开来的那辆载重 1 吨的老爷车也抛锚了。费尽周折，技工总算没有误了工作。到了收工时，雇主为表示感谢而开车送他回家。

到了家门口，技工邀请雇主进屋去喝杯茶。就在二人一起走向单元门时，技工忽然停住了脚步，没有马上进去。只见他闭上了眼睛，深深地吸了几口气，再伸出双手抚摸了一下门口旁边一棵小树的枝丫。

进了家门后，技工仿佛在瞬间换了一个人似的，满脸笑容，充满活力地抱起两个孩子，再给迎上来的妻子一个深情的吻。然后，热情地把这位雇主介绍给家人，并盛情招待。

雇主就在这一家人其乐融融的氛围中度过了一个愉快的晚上。离开时，技工把他送出了院门口。临走时，雇主终于按捺不住好奇心，向技工问道："看起来今天一天的辛苦和倒霉事并没有影响到你回家后的心情，你刚才临进门口时做的那个动作，有什么特别的用意吗？"

技工笑笑，爽快地回答说："是的，在外面工作总会遇到不顺心的事，可我不能把烦恼带进那个门，因为门里面有我的太太和孩子们。我就把一天的烦恼全都拎出来，暂时挂在树上，等到明天出门时再拿走。可奇怪的是，第二天出门时，我感到那些烦恼大半都已经不见了。"

如此可爱的人用他的智慧拥有了可爱的生活！其实，生活中的许多烦恼都是我们一时的情绪造成的。也许用不了多长时间，环境转换了，心情自然也就随之转移。善于"关门"，就是要把烦恼与当下的环境隔绝，让自己"不在那个状态了"，自然就可以享受到比较纯粹的自我生活。

很多时候，快乐是自找的，烦恼也是。淡泊与浓厚，简单与复杂，关键就在于心志的纯明。心灵澄明了，自然就有"过滤污染"的意识。在现实与理想中寻求一种平衡，慢慢地，宁静与和谐不期而至。

学会面对失败，才能让每一次失败不被浪费

沃尔玛前 CEO 戴维·格拉斯在评说沃尔玛创始人山姆·沃尔顿时曾说："山姆有件事真的与众不同，那就是他不怕犯错，不怕把事情搞得乱七八糟。到第二天早上，他又会转移到新目标上，从不浪费时间去回顾过去。"

失败时常有，但人们不能沉沦于失败的打击中一蹶不振，无法自拔。如果不能从失败的痛苦阴影中走出，那么也许将永远没有重新开始奋斗的勇气。面对失败时保持良好的心态，其实很简单，它只是让我们排除了又一个不成功的原因。忘掉失败、敢于向前的人，必是胸怀笃定之心。不给自己负重，既是最简单也是离成功最近的方式。

英国《泰晤士报》前总编辑哈罗德·埃文斯一生中曾经历过无数次失败，其中包括他在 20 世纪 80 年代中期对《泰晤士报》进行改革的失败。但他却从未在失败中沉沦。对于失败，他曾经说过这样一段话：

"对我来说，一个人是否会在失败中沉沦，主要取决于他是否能够把握自己的失败。每个人或多或少都经历过失败，因而失败是一件十分正常的事情。你想要取得成功，就必得以失败为阶梯。换言之，成功包含着失败。关于失败，我想说的唯一的一句话就是：失败是有价值的。

因此，面对失败，正确的做法是：首先要勇于正视失败，找出失败的真正原因，树立战胜失败的信心，然后便忘掉关于过去失败的一切，以坚强的意志鼓励自己一步步走出阴影，走向辉煌。"

这个世界上没有人不曾失败过，不是一些人，也不是大多数人，而是每一个人都体会过失败的痛苦与挣扎。本田公司创始人本田在他的传记中就曾这样写道："我的人生就是失败的连续。"

每个人都会历经失败，人与人之间的差距就在于面对失败时的心态。正如成功一样，任何一次失败都只是暂时的，不要让无法改变的过去影响我们明天的生活。

被称为"领导力大师"的沃伦·本尼斯在撰写其最负盛名的著作《领导者》时发现，无论是政府、民间还是非营利领域的领导人，他们都有三四个共同的特性，其中之一便是：每个人都曾犯过严重的错误，然后反败为胜。想来，是失败使他们看清了在通往目标的道路上必须加以征服并超越自我，每一次失败后的重生就是为了最终的胜利而排除了又一个否定的因素。

不能忘掉失败，就如同摔倒了不是拍拍尘土继续前行，而是站在原地怨恨眼前的绊脚石，并长久地因为疼痛而不敢再迈步，正所谓一朝被蛇咬十年怕井绳。他们把败局看得很复杂，前思后想地反复琢磨，无形中让失败时沉重的心理阴影一次又一次地遮盖住未来的天空，从而在潜意识里，就真的牵引着他们不知不觉地重复着失败的老路。

失败是一件无可奈何的事情，但最不幸的不是失败，而是受到它的阴影影响，莫名其妙地走入厄运的循环，如同身附某种无法摆脱的魔咒。而这种魔咒的根源其实就在于我们自己内心深处不安的心魔，一味地在失败的回忆中徘徊，就注定了我们必将在里面扑空。只有忘却失败的痛苦，才有力量重新鼓起奋斗的勇气。

忽略过去，当作什么也没有发生过，是因为我们内心有着笃定而唯一的目标。我们眼中只有两个点：现在自己所处的位置和最终的那个目的地，如此简单而已。两点之间直线最短，排除一切烦扰，这其中就包括过去失败的杂念。只要从中认真总结经验教训，尽量避免在今后犯同样的错误，那么未来的辉煌就从来不曾离我们远去。如此，在重新起步的同时，也让我们享受到了最轻松的行进过程。

第四章

以欲望的有限，换取心灵的无限

简单地生活，并不是让人们过着清苦贫困的生活，而应该是现代人发自内心的一种精神需求。将多余的欲望削减，为精神自由留下更多空间，你会发现，生活中有更多的事情比世俗的名利更富有趣味。

1

世间万物，为我所用，非我所有

一位虔诚的信徒每天都不停祈祷，请求神赐给他一些土地，让他能够养活一家老小。三年来，他每天三次祈祷，从未间断。他的虔诚令神灵感动，就派一个使者到他面前说："神已经恩准了你的要求，明天太阳升起的时候，你就从家门口开始跑步，直到太阳落山的那一刻，你跑过的地方从此属于你。"

信徒大喜，第二天一早他就开始跑步，为了获得更多的土地，他一刻不停地跑，甚至不肯停下来喝一口水，太阳还没下山，他就已经累死在道路上。他的家人含泪将他埋进土中，使者无奈地说："其实一个人只需要这么大的土地，可世人全都看不明白。"

信徒没有成为一个富翁，最后，他得到一小块葬身的土地。在死亡面前，那些他努力想得到的东西并不属于他，也不属于任何人。

有些人追逐金钱，有些人追逐名利地位，还有人追逐美丽、追逐更好的生活……每个人的追求不同，只要是合理的、恰当的，都能够成为一种前进的动力，让人奋发向上，不断突破自己。当人的生命处于欲望与理想的生活状态，他不但能满足自己的生存需要，还能保持自由畅快的心灵。而欲望一旦过度，就如洪水决堤，再也没有方向，它使人盲目，使人迷失。一个人若总是觉得拥有的不够多，那他人生的意义也仅仅在于攫取，所以，他们总是被各种各样的烦心事缠绕，很难快乐。

两个富翁同时死去，二人到了天堂，他们是多年前的对手，后来做各自的生意，不再有交集，此刻相逢在天堂门口，看到对方穿着朴素的衣服，都诧异地问："你看上去怎么这么贫穷？"

一个说："一直以来我都是个富有的人，我把赚来的钱全部换成金条存在我的地下室。可是前段时间，我的所有金条都被盗贼盗走了，我成了穷光蛋。"

另一个说："我也曾经是一个把钱全都藏起来的人，晚年的时候我生了一场大病，医生好不容易才把我救回来，我突然觉得人一死，拥有多少金钱都没有用，所以我决定把它们分给那些更需要的人。死之前，我已经捐出了自己所有的财产。"

两个成为穷人的富翁聚在一起，心态却大不一样。第一个富翁一生的心血被盗贼偷走，沮丧而绝望，认为一生的努力全都成了泡沫；第二个富翁将一生的储蓄用来帮助穷苦的人，平和坦然，认为自己是一个有意义、有价值的人。

请仔细观察我们的所有物吧，我们的财产不是属于自己的东西，我们只是暂时的保管者，时间一到，或者把它传给后代，或者将它归还他人；我们珍惜的感情也不是我们的东西，爱情会变成亲情，友情会随着世事变化改变，亲情随着亲人离世变为悲哀……有形的、无形的东西都不属于我们，属于我们的唯有感觉。喜怒哀乐是我们自己的，心灵上的平静或烦躁也是我们自己的。一位名人说："如果你一直不满足，即使得到整个世界，你依然是不幸的人。"同理，只要心灵能够满足，即使被整个世界遗弃，我们依然可以是幸福的。

　　当一个人过度关注外部事物，任由欲望支配自己，他就会忽略自己的内心世界。印第安人有一句古训说"慢点走，等等自己的灵魂"，就是告诫人们要关注自己的心灵，只有心灵能够发觉生命最本质的东西，只有心灵能够抑制欲望的躁动。万事万物能够被我们触摸、欣赏、利用，可是并不属于我们。同样，我们也只属于自己，不属于任何事物。当我们能够认清世界是无数个独立的个体，自然也不会执着地去占有，而是任它们来去，内心充实而潇洒。

❷
那些被面子左右的生活，都不真正属于自己

一个卖油翁正在市场上卖油，他倒油的技术总能引来赶集的人们围观。卖油翁倒油从不浪费一滴，稳稳地进入买油的人手中的葫芦，大家都对这一手啧啧称奇。

一个有钱公子听到这件事，带着一群家丁来到集市。看到卖油翁表演绝技，公子对手下说："谁能让这个卖油翁失手，我就赏谁十两银子。"手下们有的找嘴最细的葫芦，有的在卖油翁倒油时故意喧哗捣乱，可是，老翁的手还是稳稳的。这时，一个手下对公子说："我有办法，只要让家丁们按照我的吩咐做，卖油翁一定会失手。"

卖油翁又在倒油，公子的手下们突然用力鼓掌喝彩，夸奖卖油翁的绝技神乎其神。卖油翁起初没在意，随着那些人越来越起劲的称赞，他有些飘飘然，他告诉自己一定不能失手，越是这样想，越失了准头，最后，油洒了一地，围观的人哄堂大笑。

卖油翁熟能生巧，能把油稳稳倒进葫芦，不浪费一滴，从不失手，看到的人都觉得神奇。一旦他被周围的喝彩声蛊惑，害怕失去这种赞美，他就会越来越谨慎，越来越害怕失败，这种过度的小心反而会酿成错误。现实生活中的我们也经常在人们的赞扬中得意自满，却在下一秒发现自

己已经做不好那件被人夸奖的事了。

俗话说,死要面子活受罪,太过在乎别人的评价,太过追求别人的赞美,就会把别人的目光当作自己的标准,让自己被他人左右。为了面子,人们常常去做自己根本做不到的事,或者将自己擅长的一件事做得很糟很差。很多人处在这样一种生活状态中:别人夸奖自己,就会自高自大,以为自己真的什么都能做到;别人贬低自己,就觉得自己是天下最差劲的人,什么都做不好。这样的人没有自我,他们总是因为别人的一句话忙碌,耽误原本要做的事。

仔细想想,别人的评价和自己究竟有什么实质性的关系,需要我们挂肚牵肠?外界的评论不外乎赞美和批评两种。真心实意的赞美和虚情假意的客套话都能满足我们的虚荣心,但是,如果过分在意,不论哪一种赞美都可能造成我们的自高自大。至于批评,善意的批评能够给我们带来益处,恶意的挖苦并不能给我们带来实际损失。为别人的评论改变自己,是本末倒置,完全丧失了最初的目标。

一家饭馆里,几个好朋友在一起喝酒,庆祝小张刚刚升任某公司的销售主管。酒酣耳热之际,小刘拍着小张的肩膀说:"我们公司最近刚好要进一批货物,我一定会从你那里进货,你不用担心新官上任不生火!"小张说了一连串谢谢,朋友们也都夸小刘够义气。

第二天酒醒,小刘才意识到自己犯了错误,他在公司并不管理进货,也没有权力规定进哪个公司的货物。但既然对朋友们夸下海口,只能硬着头皮去找公司采购部的人,费了不少口舌,花了不少交际费,也没能说通对方同意从小张那里进货。

最后,不但小张不满意,朋友们也都认为小刘信口开河,没本事瞎应承。小刘哑巴吃黄连，只能怪自己太要面子。

一个人的价值在于他做了什么，而不是说了什么。说了做不到，不是骗人就是吹牛。有些人明明并不想做浮夸的人，却在周围人的起哄、怂恿下，在自己的虚荣心的驱使下，空口许下诺言，或者加倍夸大自己的能力。为了自己的面子，他们尽力吹起那张牛皮，却不想想牛皮总有吹破的时候，那时岂不更没面子？

一旦生活被面子左右，人们就会追求能力以外的东西，做费尽力气也做不好的事，把所有的时间都给了自己并不喜欢的事物，只为得到旁人的夸奖羡慕。这样的人容易累，也容易失败，即使取得了一些成绩，也会觉得这并不是自己真正需要的，内心越发空虚——面子是虚的，追求到的也只能是空虚。人们应该追求的是实实在在的东西，这些东西能够拿在手中，能够给我们带来舒适和享受，也只有这些东西才能让我们踏实，得到真正的满足。

❸

一个人不能同时追赶两只兔子，对目标别贪心

　　游牧民族的孩子从小就要学习牧羊和打猎，看到丰茂的森林草地，全族的青壮年男子就要冲进去寻找猎物。一个孩子刚刚学会骑马，在叔叔的带领下学习打猎，想要一展身手。

　　小孩子爱玩，心态又浮躁，看到兔子就想追兔子。正在追兔子，旁边蹿出一只鹿，他又想追那只肥大的鹿。这时一只野鸡从头上飞过去，他又想弯弓射箭打下野鸡。孩子就这样看到什么想打下什么，却打不到任何一个，回头想找一开始看到的那个，动物们早跑没影了。忙了一天，他两手空空。

　　叔叔告诉他："我第一次打猎和你一样，看见什么想打什么，其实一次只能射一箭，得到一只猎物就是收获，为什么要这么贪心呢？只有戒掉这个毛病，你才能成为一个优秀的猎手。"

　　孩子初学打猎难免三心二意，什么都想抓，结果是什么都没追到，白白浪费了力气。长辈以自身经验告诫孩子，想要做一个优秀的猎手，先要学会不贪心，一心一意地抓紧眼前的目标。打猎如此，做任何事也是一样，目标一旦堆积，就会造成视觉上和心理上的双重障碍，只有头脑清醒的人才会从一开始就盯准一个，抓到手再着手下一个。

俗话说，一个人不能同时追赶两只兔子。如果一只兔子朝东，一只兔子朝西，这个人只能留在原地踏步，一无所获。如果兔子再多一点，这个人恐怕连怎么抓兔子都忘了，光顾着想究竟追哪只，成为一个彻头彻尾的空想家。大千世界，机会无处不在，诱惑无时不有，如果不能认定一个目标，而是四面出击，不论是精力还是头脑都会不够用。

人们常说做事要重视过程，不要过分看重结果。其实这句话应该加一个前提，不论什么过程，都需要投入百分百的心力，否则就不叫过程，叫路过。路过的人看看路边的好风景，欣赏一下别人的劳作，还能指点一下哪一块地庄稼长得好，哪一片林子收成差。当然，收获这件事与这样的人无关。三心二意的人经常处于"路过"状态，他们做什么事都是三天新鲜，很快又有了新的目标、新的计划，而且他们还会找很多理由说服自己、说服别人："现在这个比以前那个更好。"这样的人抓不牢自己的人生，只能"被路过"。

一只狐狸住在一座大山里，经常为食物发愁。这一天，它的好运来了，山脚下的一个农民开了一个养鸡场。狐狸每天都溜下山，偷偷叼走一只鸡。农民每天清点鸡的数目，发现每天都要缺一只。狐狸跑得太快，农民没有办法。

渐渐地，狐狸觉得每天一只鸡不够吃，它想要吃更多的鸡，它每天叼一只大个的鸡，还要带上一只小鸡。又过了半个月，一只大鸡和一只小鸡也不能满足狐狸的胃口，它开始叼两只大鸡。可是，叼了两只大鸡后，狐狸的偷溜速度明显地慢了下来，终于在一天晚上，被埋伏在鸡棚外的农夫抓了个正着。直到被捆住，狐狸的嘴还紧紧咬住一只鸡。农夫叹息说："你真是到死都不知道悔悟！要不是你太贪心，又怎么会被我抓到!"

一只快要饿死的狐狸发现一个养鸡场,从此,它的胃口越来越大,这个过程形象地反映了贪心的膨胀。一旦欲望超过一定限度,灾难就会降临,狐狸被养鸡的农夫抓住。更让人感叹的是,这只狐狸到死也摆脱不了自己的贪欲,被抓的时候它还紧紧地咬住刚刚偷来的鸡,贪欲的毁灭力量可见一斑。

人心不足蛇吞象,我们每天面对外部世界的诱惑,什么都想得到,偏偏我们精力有限,金钱有限,如果一味去追求,有可能让自己累倒在半路。就算有一座金山摆在眼前,我们能拿的也只是自己拿得动的那一部分,不然不是在半路晕倒,就是在金山里饿死。不得不承认,以我们有限的生命和能力,追求不了那么多的东西,承担不了那么重的负担。

既然一个人的能力决定了他能获得什么,努力程度决定他能获得多少,贪心就成了一种自我折磨。就像小时候我们吃着糖果,如果总是想着没吃到的饼干,或者想着明天吃的蛋糕,目标太多,就会造成心理上的负担,最后吃到嘴里的都不香甜。还有的时候,我们顾此失彼,不看手里的这个,紧盯着别人手里的,最后两边落空,自己难过。不如简单一点,专一一点,把握住自己眼前的东西,因为抓得住的永远比抓不住的重要,自己手里的总比别人手里的安全。

人生的道路也是如此,很多时候,我们不止有一个选择,哪个方向都有自己想要的东西,哪个方向都是一种诱惑,我们必须下定决心选择一个,才能用最短的时间到达目的地。选择也需要智慧,我们选择的地方不应该是虚幻的海市蜃楼,而是那些我们的目光也许不能到达，但相信自己有足够能力到达的地方。一个人不能追逐两个理想，任何时候，专一的人比左顾右盼的人拥有更多把握成功的时间、珍贵的机遇。

④

生活的欲望越小，心灵的空间就越广阔

在日本，夏日夜市是人们很喜欢的娱乐项目，夜市上有一项传统游戏：捞金鱼。

各种各样的金鱼放在巨大的铁皮容器里，捞金鱼的人需要买一个渔网，然后蹲下身捞自己喜欢的金鱼，捞到的就可以带回家。有些人能捞到很多条，有些人却一条也没有，因为捞金鱼的网不太结实，金鱼如果用力，可以在被捞出水之前挣破网。

一个小孩一连买了五六个渔网，都被金鱼挣破，他抱怨老板说："你这里的渔网质量太差了，我一条都捞不上来。"老板笑着说："你既然知道渔网很薄，为什么还要挑那些个头大的金鱼？如果你愿意捞小一些的，现在你手中的鱼也许可以放满一个小鱼缸。"

在贪心的人看来，一切东西都是越大越好，越多越好，他们不会想想自己手里的渔网究竟能不能撑得住大鱼的重量，只会想花了钱就要得到最多的实惠。其实，金鱼并不一定是大个儿的好，小鱼也有小鱼的轻巧美丽，而且容易养活。但贪心的人总是忽略这个简单的事实。

有一位中国诗人曾写过这样一首简单的诗，只有三个字。"生活——网。"生活就像人们手中的渔网，人们想要捞取很多东西，越多越好。

但是，一旦这些东西超过了网的容量，人们就会失去一切，包括手中的渔网。

一个人如果被欲望支配，他的目光始终在生活之上，当他住着宽敞的房子，他想要更大的房子，有了更大的房子，又想要一座独体别墅，有了别墅，他又想得到更多别墅。即使他做了地产商，他也不会满足，永远不会低下头看看他现在住的房子是多么舒适，多么适合居家。欲望给人带来的损失不只是物质上的得不偿失，还有心灵上无止尽的饥渴。像一个永远喝不到水的人，贪婪的人总是被这种饥渴折磨。

还有人将贪婪与进取等同，认为贪婪是人前进的动力，因为"有了明确的目标才能奋发向上"。但进取是在自己现状的基础上，想要更进一步提高自己的能力和生活水平，既有利己的一面，也有利他的一面；而贪婪是指对某种事物，特别是名利相关的事物无限制的索取，它的本质是一种占有，而且不与他人分享，仅仅满足个人的私欲。

机场大厅，张敬看到了多年不见的同学徐佳，两个人感慨万端，徐佳对张敬说："这么多年没见，你老了，听说你现在是一家公司的经理，老同学们都很羡慕你。"

张敬说："你看上去还很年轻，我也很羡慕像你这样自由的人，工作的时候出去采访，没事的时候到处旅游。"徐佳点点头说："是啊，虽然工资低点，不过这种生活适合我，你今天是要去哪里？"

"我要去广州开会，下午还要飞往武汉，有个合同需要我亲自处理，还要连夜赶回来。"张敬说。徐佳问："那么你什么时候休息？"

"再过十年二十年，我有了足够的钱，就可以歇下来，像你一样到处走走。"

"这种生活你现在就可以过，还会比我过得更好，为什么要等到十年二十年以后呢？"徐佳说。

那天会面后，张敬一改往日的生活态度，他仍然认真地工作，却拿出比以前更多的时间陪伴家人，四处旅游。当人们问他原因，他说："生命太短，不要把最想做的事放到以后。"

金钱能够为我们做很多事，衣食住行，生老病死，没有一样能离开金钱，想要活得舒适自在，必须由足够的金钱支撑，也难怪人们会有欲望、会有贪念。谁不想让自己、让自己的亲人生活得更好？但同时也要认识到，过犹不及，一旦欲望超标，得到的东西就不再是享受，而是负担，随着负担越来越重，不但肩膀被压得生疼，脑细胞死了一片又一片，心灵的平静更是不复存在。

国外的社会学家曾做过一项研究，发现人们的欲望越小，幸福感就越高。幸福生活的关键在于掌控自己的欲望，学会适可而止，要尽量让自己生活得好一些，但不要将这种愿望当作唯一的追求，因为生命中还有更多事情需要自己投入精力，它们所带来的快乐是金钱不能带来的，就如一位作家写道："金钱可以买来药物，但买不来健康；金钱可以买来婚姻，但买不来爱情；金钱可以买来学历，但买不来能力……"我们的关注点应该始终停在我们精神的丰盈上，而不是物质的多少。

❺
为自己的欲望设置一个底线和标准

在古代，国家面临内忧外患，有位皇帝登基后选拔了一批年轻能干的大臣辅佐自己，其中有四个人最引人注目，其中一个指挥兵马抵抗外族侵略，一个带领人马深入边疆开辟领土，第三个辅佐皇帝完善内政，保证百姓安居乐业，第四个一手掌管国家机构，使国家行政高速而有效率。经过十年的时间，国富民强，四夷臣服，皇帝对四个人感激不尽，让他们自己提出想要的官职。

第一个人要当将军，第二个人要求在自己开拓的领土上封侯，第三个要当宰相，第四个对皇帝说国事已了，想要回家孝顺父母，陪伴妻子。皇帝答应了他们四个的要求。

又过了十年，前三个人或因为朝臣的造谣，或因为自己生了歹心，都被皇帝处斩抄家，只有那个功成身退的大臣，不但全家性命得以保全，还常年享受着皇帝的赏赐，并得到百姓的赞扬。

在阿拉斯加的赌场里，赌场管理人员故意将赌场的灯光布置得昏暗，让人一进去就会忘记时间，既感觉不到黑夜，也感觉不到白天，只会被现场的气氛感染，不断下注。在这里，人的贪婪不断被煽动，手中的筹码用完，他们会迫不及待去买更多的筹码，平日理智的人也会为一夜暴富的念头疯狂。他们中的大多数人都输光了自己的钱，有的甚至倾家荡产。

在股市上也经常有这种情况，有人为了致富，不但拿出自己所有的财产，甚至举债购买他所看中的"潜力股"，极少的人发了大财，更多的人赔得一干二净，也有人为此结束生命。旁观者感叹，股票本来是一种投资方式，偏偏有那么多人将它当作投机的机会，为了财富，完全忽略了巨大的风险，把自己逼上绝路，给家人带来灾难，一切都源于无止尽的欲望。由此可知，欲望应该有一个底线，超过这个底线，所有人都输不起。

一个国王为自己的国家操劳一生，年老之后，妻子已经去世，他把王位传给自己的儿子，希望能在一个幽静的山林一个人颐养天年，安然离世。于是，他独自去了邻国的一座山林。

到了山林他才发现，山里的生活并不简单。住在山洞里，他需要每天捕鱼抓食物，他觉得有更好的工具生活会更轻松，于是去集市用抓来的鱼换来渔网弓箭等工具。等到有了这些东西，他觉得有条船、有匹马自己会更轻松，于是又去买船买马。过了一段时间，他觉得自己忙不过来，就雇人帮他捕鱼打猎。国王的运气很好，渐渐地，他的仆人越来越多，财富越来越多，而邻国国王都派人请他去宫中吃饭，他又恢复到过去锦衣玉食的生活，每天为各种琐事烦恼，仍然不能过梦想中的安静生活。

国王想要归隐山林，安享晚年，可是这位总是想要"充实"自己的国王很快又成了一方名人。其实，国王只要在起初的几个步骤停下来，他就能够过一种简单的生活。但国王放任自己的欲望越来越多，欲望越多，生活就越复杂。等他回过神来，再也不能过平静的生活了。

对待欲望，人们有两个方式，一是适当地控制它，二是尽量地满足它。喜爱开车的人最喜欢上高速，只有在高速公路上才能真正享受到飞驰的快感。当他们沉迷在这种奔驰中，码数一再升高，危险也悄然降临。车主人车开得太快，他停不下，别人也避不开，这种车祸现场血肉横飞，极其惨烈。人的欲望就像开快车，到了一定的速度，如果不知道及时刹车，不但害了自己，也会给别人带来巨大损失。

欲望是人最基本的属性，没有人能摆脱欲望，也不必对它过分害怕。我们能做的是尽量给欲望定一个底线和标准：在这个标准上，既能让自己生活得舒服、自在，又不会太过损害别人的利益；在这个标准上，心灵能够保持一种宁静而又积极的状态，不会因贪婪劳累，也不会因碌碌无为而迷茫。也许我们尚未知道如何把握这个标准，那么，等有一天察觉自己的拥有已经太多，灵魂早已疲惫不堪时，那个标准已经来到你的面前，记得要理智地对自己说："刹车吧。"

— ❻ —
内心的知足，是对抗欲望最有效的方式

星期天，一群人在河边钓鱼。岸边人一多，大鱼就不容易往岸边靠，多数人只能钓到一寸来长的小鱼。在钓鱼的人中，一位老人特别引人注目，他坐在钓竿旁悠闲地翻着一本书，偶尔才看一眼钓竿，然后继续慢悠悠地看书，不时还念出几句。

可是，这位漫不经心的老人运气却是最好的，一个上午，已经有三条两尺长的大鱼被他钓了上来。更让人吃惊的是，他看到那些大鱼，只是摇摇头，把鱼重新扔回到河里。

有人忍不住上前问他说："好不容易钓到大鱼，你为什么要放了它们？"

"要它们有什么用？我家里没有那么长的盘子，也没有那么大的锅。"老人说。

在生活中，多数人都克制不了自己的欲念，像那些钓鱼的人，认为上钩的鱼越多越好。只有那位老人清楚地知道，拿到不需要的东西，除了增加自己的劳动量，浪费心力存储，还有什么用处？所以他果断地不要这些额外负担。

我们常常觉得自己的负担重，当别人说："你为什么不取下来一点？"又觉得每一种负担都有用处，都舍不得扔掉，就像一个塞满旧衣服的衣

橱，我们总是对自己说："那件衣服还能穿，那件衣服我还想穿。"天天把所有衣服挂在眼前，搞到自己根本不知道该穿哪件衣服，纯属浪费精力。实际上，很多衣服我们再也不会穿，只是摆在那里安慰自己。不如尽早将它们叠起来、收起来，需要回忆的时候小心翻看一遍，这才是拥有的真正含义。

只取自己需要的那部分，其余的都是负担，这是一种精练的生存智慧。人生就如一次旅游，背负的东西越多，脚步就越沉重，能走过的道路就越短。看似得到了很多，实际上错过的更多。如果能降低自己的欲望，把攫取的心思用在生活的其他方面，专心致志地追逐最重要的目标，每个人的生命都能更加精彩和丰富，也都能更加懂得和珍惜自己的拥有。如此一来，生命的质量才会大大提高。

一个愁眉苦脸的男人坐在公园发呆，路过的人问他："这三天我都看到你坐在这里发呆，什么事让你这么烦心？"

男人说："最近我们公司即将裁员，我今年业绩不好，也许会被裁掉。儿子马上就要考高中，不知道成绩如何。"男人像是很久没有找人倾诉过，和路过的人说了将近半个钟头，路过的人沉默地听着，等男人全部说完才问：

"那么，如果你没有被裁员，事情就会好很多对吗？"

"就算没有被裁员，工资也太低了，也不会好多少。"男人越说越无奈。

"如果你的孩子考上好高中，你又要担心他能否考上好大学？"

"没错。"

"你为什么不想想，你现在还有工作，比那些街头找工作的人要幸运得多；你的儿子在努力学习，比那些完全没有实力的孩子要强得多。

总是想着不好的事，怎么会不烦心呢？"路人说，"你知道吗，我的儿子已经连续两年高考失败，我也已经下岗三个月，还没有找到工作，但是我现在仍然能够安慰你，因为我比你更知足。"

路人说完转头走了，男人思索了很长时间，终于走向家门，他要给儿子买一本新的参考书，还要在吃饭后准备明天的企划书。

在我们忧愁的时候，旁人的安慰听起来不痛不痒，没有任何实质帮助。就像故事中的男人听到路人的劝导却表现出冷漠。直到他听到路人的遭遇比自己更不幸，男人这才懂得，人的幸与不幸不在于外界条件，而在于自己的内心是否知足。

相对于无穷无尽的欲望，知足是一种境界。知足就是珍惜自己拥有的事物，除此之外别无他求。一个人的欲望有限，他看待世界的目光就不再是算计和攫取，而是平和与理解。他会发觉贫穷不算什么，因为生活还有其他财富；生病不算什么，因为有人关心；失败不算什么，至少还留有实力……一切都有好的一面，他们的心里始终有普照的阳光。

一个人一旦懂得知足，他的内心就会永远存着坦然和感恩的念头。人生的烦恼只是小小的插曲，容易忽略也不会造成伤害。经历的挫折也是上天给予的财富，能够从中吸取宝贵的部分，增加自己生命的重量。没有什么值得哭泣，因为已经拥有那么多幸福。对知足的人来说，困难并不是困难，总会有解决的办法、突破的出口。

知足的人有福气，面对花花世界，他们能够抗拒外界的诱惑，也能够控制盲目的欲望，一心一意地对待自己的生命。他们比别人更加懂得，快乐来自满足，知足就是幸福。

7

世俗的名利，不值得你为之倾尽全部

在中国历史上，李斯是秦朝的开国功臣，他以卓越的政治远见和出色的能力辅佐秦始皇统一六国，并出任丞相。但是，李斯一生追求名利地位。为了地位，他与宦官赵高勾结，害死公子扶苏，扶持胡亥做了皇帝。

追求名利的人大多因名利败亡。没多久，李斯和赵高产生矛盾，被赵高谋害，全家获罪。李斯被腰斩前，曾悔恨地对身边的儿子说："真希望能和你像以前一样去山里打猎。"即将被腰斩的儿子流下眼泪。

名利害人，古今皆同。李斯是中国历史上的名人，他因《谏逐客书》成为嬴政的亲信，可见他学识过人；他嫉妒韩非的才能，加以迫害，可见他功名之心太重——这两件事足以预见他后来的结局。

司马迁说："天下熙熙皆为利来，天下攘攘皆为利往。"人活于世，追求名利是一种常态，一个人想要实现自身的价值，想要让更多人了解、尊重，这样的"名"是每个人需要得到的；一个人想要通过努力累积财富，改变自身的条件、个人的生活，这样的"利"是每个人必须追求的。"名利"并不是一个贬义词，人们会说"名利害人"，是因为有人过度地追求名利，以不正当的方式得到名利。换言之，害人的不是名利，而是一个人过度的贪婪。

很久以前，一位仙人被一个农夫所救。仙人万分感激，为了报答农夫的救命之恩，于是送给他一件宝物。这件宝物可以变出许多的金银珠宝，但条件是必须以自己的寿命作为交换。仙人一再叮嘱农夫，切莫一再交换，否则将会生命殆尽。

农夫回到家里，用自己十年的寿命交换了第一批珠宝。这使他从一个穷困的农夫变成了城镇里一等一的大财主。可他并没有满足，为了使自己的生活变得更加奢侈富足，他一次又一次地以自己的生命交换着财富。

直到有一天，仙人再次云游到此地。在城郊的一棵大树下看到了只剩下一口气的农夫。只见他气若游丝，眼看就要不行了，可怀里还是紧紧地抱着那件宝物不肯放手。

仙人看到这一幕，十分痛心。他走到农夫面前，叹道："你这个人呐，到死你还不可以摆脱一个贪字啊！也罢，这世间上如你这般舍命不舍财，至死不悟的人多了去了！"

生活中，很多人的作为和农夫并没有本质区别，都是在用青春、生命来交换财富。过上好的生活是我们的追求，但为了金钱耗损全部精力，就有点得不偿失了。因为除了财富，生命中还有很多重要的东西，一味追求金钱，必然会耽误到其他方面。生命的美在于平衡，只有"全面发展"的人，得到的才能最多。

名利和地位的确能给我们带来很多东西，有了名利，我们会有舒适的生活、良好的环境、受人尊敬的社会地位、丰富的娱乐，但这种状态会麻痹我们的心灵，让我们变得养尊处优，忘却了人世间的疾苦，为了保护自己的利益不择手段，在声色犬马中挥霍光阴……当名利超过一定限度，带给我们的不再是满足，而是空虚。我们会认为自己的生活中少了从前的单纯快乐，少了一份真诚和信任。这时才会发现，名利早已在悄然侵蚀了我们的内心，摧毁了我们的生活。

在医院病房里，很多人感慨自己之所以住院都是因为太过操劳，即使得到了很多财富、很高地位又如何，到现在只希望用所有的财产换一个健康的身体。生命以及生命中的一切都需要珍惜，而不是躺在病床上的时候才开始后悔。名利并不可怕，可怕的是对名利无止境的贪念；真正摧毁一个人生活的并不是名利，而是随名利而来的虚荣、黑洞一样越来越大的欲望。追求名利，同时不被名利左右的人，才是理性有智慧的人。

8

做金钱的主人，而不是物欲的奴隶

一个贫穷青年卖掉母亲留下的一块精美地毯，得到了一大袋金币。第一次看到如此多的金币，青年很兴奋。为了防贼，他将金币放在罐子里埋进后院。每天晚上，青年都会拿出罐子，一遍一遍数他的金币，一次次对自己说："我是个有钱人，哈哈！"

这样的日子过了半年，青年每天做苦工、吃粗粮，穿的衣服上全是补丁，但他每天依然数金币，认为自己是个有钱人。一天晚上，盗贼偷偷挖走了罐子。第二天，青年发现失窃了，于是他坐在院子里大哭，哭声引来了许多邻居。

邻居们知道了事情经过后，他们问："难道你一枚金币都没有花吗？"

"当然没有！"青年回答，"我一分钱也舍不得花！"

"那么，你不必伤心，反正这些钱在你手里和丢掉并没有什么区别。"邻居们说。

金钱如果不消费，仅仅储存起来，不派上任何用场，再多的钱也和废铜烂铁或一堆废纸一样，白白浪费存储空间。

人们常常用"守财奴"来称呼那些一心占有金钱，拥有大量财富却一毛不拔的人。他们每花一分钱就觉得心如刀割，舍不得为自己、为别人消费，只想把钱堆在仓库里。金钱的价值在于交换，可以给人带来各种层次的满足，例如住房、饮食、衣着、娱乐……都能用金钱予以满足，只要不过量、不滥用，拥有金钱就是生存和生活的保证。守财奴们却把金钱当作收藏品，完全失去了金钱的价值。他们看似是金钱的主人，其实却成了金钱忠诚的仆人——一个暂时的保管者，一个活动的保险柜。

欧美富商们教育子女都有一套自己的方法，这些富商大多经历过创业、守业的艰苦时期，不希望他们的后代变成只懂得挥霍的纨绔子弟。他们会鼓励后代从小就认识到金钱的价值，靠自己的劳动换取需要的零用钱。他们也不会纵容孩子的欲望，让他们养成挥金如土的习惯，他们用这种方法告诉子女，金钱来之不易，要用它们做最有用的事，而不是胡乱使用。更重要的是，富商们希望子女们有更多的机会接触到那些金钱无法买到的东西，而不是从小就为金钱而活。

一个富翁即将去世，他不必找律师订遗嘱，因为他没有亲人，也没有后代，他的财产全部都会被国家收走。躺在病床上，富翁感到无比后悔。

年轻的时候，他曾经有一个深爱的女人。他们本来想结婚，可是男人工作太忙，常常忽略女朋友，最后女人选择分手。后来男人和别人结婚，有两个儿子，他们的母亲死得早，男人忙着赚钱，把孩子们交给仆人管教，结果两个孩子一个吸毒致死，一个斗殴被人打死。

如果不是忙着做生意，也许他会和最爱的那个女人结婚，或者和自己的儿子们朝夕相处，会过上很幸福的生活。富翁流着泪想起这些，又想到他的财产。他以为这些财产属于他，他是主人，其实是它们奴役了他，让他一辈子都为这些财产卖命，临死却不能带走一分一毫。

在富翁人生的最后岁月里，陪伴他的不是温情和嘘寒问暖，而是冰冷沉重的金钱枷锁，曾经他因为赚钱所抛弃的一切，在现在看来格外珍贵。没有后代的富翁努力一辈子，死后这笔财富就会烟消云散。他第一次开始怀疑自己的人生，后悔自己为了追逐金钱失去了那么多珍贵的东西。可人生不能重来，后悔无济于事，他也只能孤单地走向死亡。

人们常说："金钱是万恶之源。"事实上，金钱没有思想，不能作恶，作恶的是人的欲念。它能够摧毁一个人的意志，左右一个人的生活。当人们把对金钱的追求当作生命的重心，他们就很自然地抛弃其他东西。商人抛弃信用，官员抛弃廉洁，甚至抛弃学业、爱情、健康……直到失去一切，他们才恍然明白，手中的金钱可以衡量，可以是一个数字，而失去的那些东西却是无价的。

金钱能够换来最实在的物质，满足我们的需要，让我们生活得更好，也能够用来帮助他人，回馈社会。所以，想要得到金钱并没有错，关键是一个人如何驾驭金钱，是使用金钱无止境地满足自己的私欲，让自己终生生活在对物欲的追求中不能自拔；还是让金钱为自己服务，操纵它满足生活的需要，实现自己的梦想？

人生的幸福在于证明自己的能力，并用这种能力为自己、为他人带来快乐，拥有财富正是这种能力的标志之一。但与此同时，还要把财富变为一种切实的享受，一种让自己和他人快乐的工具，就算不能当一个兼济天下的圣人，至少也要做一个慷慨大度的仁者。只有合理地使用财富才能发挥它的最大作用，别让金钱失去意义。

9

真正的幸福与金钱地位无关

有社会学家经过大量调查，得出了这样一个结论：在人们的幸福感构成中，金钱只占了五分之一的决定作用，金钱只有在满足人类基本需求时才能提供巨大的幸福感。人类的幸福的确需要物质基础，但大部分与金钱无关。幸福感大多来自家庭的温暖、事业的成功、人际的和谐，甚至运动、音乐、文学……这些都是金钱买不到的东西，却也是最宝贵的财富。

哈里的父亲是一个富翁，但他从小失去母亲，父亲忙着生意，对他的爱只拿金钱表示。这个男孩到了16岁，不想考大学，也不想再和狐朋狗友鬼混，他想知道什么是幸福，他有没有可能得到真正的幸福。带着这两个问题，哈里开始周游全美国。

一年后哈里回到家，拿起书本开始用功，他的基础不差，又肯下苦功，最后申请了一个不错的大学就读。若干年后，他才对人说起那一年他究竟做了什么。原来，哈里并没有旅游，而是在迪士尼乐园打工。那是他旅游的第一站，他认为小孩子是最快乐的，想要近距离接触孩子们。玩了一天后，他决定应聘那里的服务生。

哈里每天穿着毛茸茸的米老鼠服装，和小孩子们在一起。他发现小孩子并不是没有烦恼，但他们更懂得欢乐，他们游戏的时候就进去游戏，并且感激爸爸妈妈给自己这个游戏的机会，一家人其乐融融。原来欢乐就是做自己该做的事，就这么简单。

每个人都在追求幸福生活，每个人对幸福都有不同的理解，但有一点是共通的：幸福来自心灵的满足。心灵没有贫富，也没有地位的差距，万顷良田和一缕清风有时带来的是同样的满足。普通人不必羡慕大富大贵的生活，不要让物质迷住双眼。小富即安没什么不好，幸福就是每个人都尽自己的努力，把日子过得有滋有味。

第五章

心怀单纯秉性，不小气计较，也不盲目妥协

崇尚返璞归真，让心灵变得纯朴、自然、厚道，才是简单做人的本真。一弯浅浅的微笑、一声暖人的问候、一场默契的配合、一次深情的拥抱，都可以传情达意，表述相知。

难得糊涂，难得宽容

人们常说幸福是需要一种钝感力。嘈杂扰攘中，有太多的隔膜和争吵；难得糊涂，便是淡然视之，放松心头的重负，从简从初，转而收集人生更多快乐有益之事。只要我们能在不同的境遇下，都抱着一种难得糊涂的心态，简化繁乱、淡化得失，那么自然就会心安神定、波澜不惊。

我们大都知道郑板桥的"难得糊涂"四字，却很少了解到它的出处缘由。

有一年，郑板桥专程来到山东莱州的云峰山观仰郑文公碑，因天色已晚，他不得不借宿于山间的一处茅屋。

进屋后，一位儒雅老翁，自然是小屋的主人，热情地招待了郑板桥。老人出语不凡，自命"糊涂老人"。

交谈中，老人请郑板桥欣赏陈列在屋中的一方砚台，如方桌般大小，石质细腻、镂刻精良，让郑板桥大开眼界。

后老人又请郑板桥题字，以便刻于砚台背面。郑板桥则自觉老人必有来历，便题写了"难得糊涂"四个字，并用了"康熙秀才雍正举人乾隆进士"方印。

因砚台颇大，尚有余地，郑板桥则请老先生也写一段跋语。俯仰间，一段小楷便赫然而现:"得美石难,得顽石尤难,由美石而转入顽石更难。美于中,顽于外,藏野人之庐,不入富贵之门也。"随后也用了一块方印,印上的字却是"院试第一,乡试第二,殿试第三"。

郑板桥大惊,细谈之下才知道老人原来是一位隐退的官员,又有感于糊涂老人的命名,见还有空隙,便也补写了一段:"聪明难,糊涂尤难,由聪明而转入糊涂更难。放一着,退一步,当下安心,非图后来报也。"这就是"难得糊涂"的由来。

人生在世,又岂能时时顺心、事事如意?如此,做人就不应处处斤斤计较,精明计算;该糊涂的时候就不要顾及自己的面子、学识、权势,而一定要"糊涂"。这是一种大彻大悟的理解,体现了一种智慧大简的境界。过分较真、过于追求完美,有时反而适得其反。

一位得道高僧自感年老体衰,决定从自己门下的两个得意弟子中选出一个衣钵传人。而高僧对两个徒弟的考核也很简单:各自出门去捡一片最完美的树叶,谁找到了谁就可以继承衣钵。

两个徒弟听到师父的题目后,没有多想就领命而去,各自奔走。

没过多久,大徒弟拿着一片非常普通的树叶回来了。这片叶子看上去没有任何特别之处,更谈不上所谓的完美。

而后,又过了很长时间,小徒弟才回来。他两手空空,非常沮丧地对师父说:"我看到外面有许多的叶子,但是按照您的要求,我看到这片叶子不如那片叶子好看,那片叶子又不如下一个完美。挑来挑去,我怎么也找不出一片最完美的树叶。"

高僧拿着大徒弟带回来的叶子,颇有深意地对他说:"这片树叶虽然并不完美,但是它已经是我看到最完美的树叶,因为我已经从你的身上看到了我所需要的东西。"

结果不言自明，大徒弟继承了高僧的真传。对此，两个弟子的师父进一步向他们解释说："其实，世界上本来就没有绝对的完美。如果事物都完美了，又哪里还有喜怒哀乐，又哪里会有生态万千？我们每天的修行也就没有意义了。修行的目的就是去除心中的杂念，让自己的心境尽量达到完美。"

人生亦如此，没有所谓的绝对完美，对于那些不可能达到的程度，我们完全可以糊涂一下，退而求其次。只要心中不再自我纠缠，那么我们的人生就会变得相对"完美"，那些人生中不可避免的瑕疵，也会在糊涂的感觉中变得不再那么难以忍受。

难得糊涂是一种经历，只有饱经风霜的人才能深得真谛。难得糊涂是一种境界，只有心中目标恒久的人，才会对细枝末节不屑一顾，才会着眼大方向、统领大局面。难得糊涂是一种资格，能淡泊名利、宁静致远的人，他们内涵丰富、底蕴深厚，以平常、平静之心对待人生，泰然安详。难得糊涂也是一种智慧，在纷繁变幻的世道中，能看透事物，看破人性，知风云变幻、处轻重缓急；难得糊涂更是一种做人的方式，只有胸襟坦荡、超凡脱俗之人才能拥有如此包容万象的气度。

❷

善于自嘲的人，往往是富有智慧和情趣的

关于嘲笑，富兰克林·罗斯福曾经说过："笑的金科玉律是，不论你想笑别人怎样，先笑你自己。"嘲弄他人是一种道德低下的表现，但有时嘲笑一下自己却是体现了一种美德。

一个善于自嘲的人，往往是一个富有智慧和情趣的人，也是一个勇敢和坦诚的人，更是一个将自己上上下下、里里外外都看得很明白的人。自嘲是一种鲜活的做人态度，它可以使原本颇为沉重的东西刹那间变得无比轻松，从而让人能时刻保持一种平衡的心境。

有这样一则故事，不管是传说，还是演义，我们从中看出的是大哲学家苏格拉底在生活中深厚的修养。

据说，苏格拉底的妻子是一个性格彪悍粗暴的女人，生活中时常对他无端乱发脾气。而苏格拉底逢人便自嘲道："娶这样的女人为妻让我受益匪浅，不仅可以锻炼我的忍耐力，还能加深我的人格修养。"

某天晚上，他的老婆又发起脾气来，大吵大闹，无论苏格拉底怎样劝说都不肯罢休。

无奈之下，苏格拉底只好退避三舍，去外面走走。可没想到，他刚走出家门，那位怒气未消的夫人就从楼上突然倒下一大盆冷水，恰好全

部浇在了苏格拉底头上。瞬间他浑身上下就湿透了，俨然一只落汤鸡。

这时，只见苏格拉底打了个寒战，不慌不忙地自言自语说："我早就知道，响雷过后必有大雨，果然不出我所料。"

纵使苏格拉底有万般的无可奈何，但他带有自嘲意味的讥讽使自己从这一窘境中超脱出来。化怒气为"糨糊"，给自己一颗"宽心丸"的同时，也让乏味枯燥的生活重新恢复了弹性。

笑笑自己的狼狈处境，笑笑自己的观念、遭遇、缺点乃至失误，看似显得愚钝轻视，实际上是一种对生活释然、对命运达观的大智慧。在美国，每一个迈进政界的人都要拥有随时被人"打"的心理准备。如果缺乏嘲笑自己的本事，那么就没有那么多从竞选中脱颖而出的"非科班"出身的总统了。

人生不如意之事十有八九。面对凄风苦雨的侵袭，在恶劣的环境中，就更应该抱有一颗感恩而知足的心去面对生活。心理学家认为，懂得自嘲的人不仅活得快乐、自信，而且心胸必然宽阔，一生过得也将达观而坦荡。

古代有一个叫梁灏的文人，一生都心心念念想着通过科举功名而报效国家。他从小就立下誓言，不中状元誓不为人。

然而世事难料，梁灏从少年考到青年，又从青年考到壮年，寒暑冬夏十余载却屡试不中，受尽了别人讥笑。但梁灏并不在意，他总是自我解嘲地说，这一次考完后如果没中，就是离状元又近了一步。

在这种自嘲的心理状态中，梁灏从后晋天福三年开始应试，历经后汉、后周，直到宋太宗雍熙二年，终于考中了状元。

他曾写过一首自嘲诗："天福三年来应试，雍熙二年始成名。饶他白发镜中满,且喜青云足下生。观榜更无朋侪辈,到家惟有子孙迎。也知少年登科好,怎奈龙头属老成。"

在漫长的坎坷中,梁灏就是凭着一种鲜活而轻松的自我解嘲的心态而终于走向了成功。自嘲也使他走向了长寿,活过了古人难以逾越的九旬高龄。

有时候,一个小笑话、一段小故事,或者转述一句妙语、一则趣谈,都能让我们摆脱尴尬的窘境,让原本颇为沉重的气氛瞬间变得轻松起来。甚至保护了自己的安全,让他人砸过来的重拳如同落在了棉花之上。

让我们陷入难堪的,往往都是由于自身原因,如外貌的缺陷、自身的缺点、言行的失误等造成的一些"话柄"。而陷入尴尬之境的,大都是自卑而执拗的人;拥有自信的人却能较好地化解,于无形处维护了自尊。对影响自身形象的种种不足之处大胆而巧妙地加以自嘲,不但不会降低我们的人格,反而能出人意料地展示自信,在迅速摆脱窘境的同时,展示我们潇洒不羁的交际魅力。赫伯·特鲁在《幽默的人生》一书中把自我解嘲列入最高层次的幽默。如果能结合具体的交际场合和语言环境,把自己的难堪巧妙地融进话题,并引出富有教育启迪意义的道理,则更是妙不可言。

无论怎样,嘲笑自己的长相,或嘲笑自己做得不是很漂亮的事情,会给他人传递出一种和蔼可亲的人情味,同时,也让我们逐渐练就了更为豁达的心性,从而活出洒脱宽广的自己。

❸
世人诋毁谩骂，自己的路却仍要自己走

美国前总统林肯说："如果证明我是对的，那么人家怎么说我就无关紧要；如果证明我是错的，那么即使花十倍的力气来说我是对的，也没有什么用。"

除了自己，没有人可以决定我们的路怎么走。对于谣言，只要心中知道自己在走什么样的路，便没有人可以减损我们前进的动力。清者自清，视而不见、充耳不闻，谣言自然便不能伤害到我们。毁誉不干其守，抑扬不更其志；内心淡然而定，任雨打风吹，自若向前。

世间的骂有两种：一是所骂之事属实，二是骂的内容虚假。如果说的是真的，那还有什么可嗔恨的呢？如果说的是假的，造假之人自得其骂，同我们没有一点关系，我们又为什么要嗔恨呢？

面对闲言议论、诋损毁谤，既然他人有心制造，我们又何必自行上前惹得一身尘杂？越是安然平静，不被搅动的水，越容易得到沉淀。

狄仁杰身为一代名相，对流言蜚语泰然处之，被后世广为传颂。

狄仁杰办事公平，执法严明，广受称赞，在当地有着美誉。武则天因此把当时还是豫州刺史的狄仁杰调回京城，并升任宰相。

但武则天还是想再考察一下狄仁杰，便在一次上朝后留住了他。武

则天故意告诉狄仁杰："你在豫州任职时，政绩的确突出，名声也很是清明，所以我任命你为宰相。但是回京后，我却听见有人说你不好。"

狄仁杰只是简单应和了一声，毫不在意。

武则天不禁追问："你不想知道说你坏话的人是谁吗？"

狄仁杰正色道："人家说我的不好，如果确实是我的过错，我愿意改正；如果陛下已经弄清楚不是我的过错，这是我的幸运。至于是谁在背后说我的不是，我不想知道，这样大家可以相处得更好些。"

对狄仁杰的气量和胸襟，武则天多少也有些耳闻，但亲耳听到这样的话，还是不禁钦佩他的这种政治家风度，因此更加赏识和敬重他，尊称他为"国老"。

生活中，我们常常会听到别人对自己的闲言碎语，但从另一方面而言，毁谤又像是日常生活中的一面镜子，可以照出一个人的境界。一个人要战胜闲言与毁谤，不必采取针锋相对、寸步不让的态度，不卑不亢、问心无愧反倒说明内心的笃定。"毁誉从来不可听，是非终久自分明"。

面对外界的评价，实则深刻反省、力改不怠；虚则修身养性，加以自勉。重要的是我们自己如何看待自己，而非他人。倾听来自灵魂深处的声音，时刻与自己对话，进而给出正确的自我评价，拥有笃定的主见，如此，才不会在抉择时刻乱了方寸，蒙蔽了双眼。在棋盘上，往往是旁观者清，但在生命的长路中，却是谁走谁知道。每一个人生都是不同的棋盘，没有人可以把每一盘棋都下好，也没有人能准确地知道他人棋盘的样子，自己的路仍然是要靠自己的双脚去走。

④
不必委屈自己向全世界的目光妥协

人生中总要面临十字路口，有人徘徊，有人决绝；有人半途而废，也有人勇往直前。当面临抉择的时候，是坚持自己的方式，还是被扼杀在别人的目光下？如果为了取悦他人而一味地满足他人的价值观，那个真实的自我就会逐渐离我们远去。只有全面而真实地活出自我，才不会盲目和迷失，才不会被他人的目光一层一层缠绕得越来越复杂。

每个人都有自己的生活方式与态度，都有自己的评价标准，可以参照别人的方式、方法、态度来确定自己的行动方略，但万不可生活在别人目光的阴影下。一个活在别人标准和眼光之中的人是痛苦而悲哀的，他们从来都不曾体会过展现自我的快乐。

在电影历史中占有一席经典之位的《修女也疯狂》，其主演乌比·戈德堡从小就是一个"与众不同"的"另类"。但她却始终坚持着成为一个独立的个体，坚强地承担着来自他人眼光的所有疑义甚至责难，正如妈妈曾经教育她的那样。

乌比·戈德堡生长的年代正值"嬉皮士"流行的时代。她生活在环境颇为复杂的纽约市切尔西劳工区，奇装异服引来周围人的议论纷纷。可她似乎一点也不在乎，依然身穿大喇叭裤，头顶蓬蓬头，脸上涂满五颜六色的彩妆。

甚至有一次，她因穿着破烂的吊带裤和漆染衬衫，而遭到好友无论如何也不和她一起逛街看电影的拒绝。

正当这时，乌比·戈德堡的母亲走过来，出人意料地对她讲："你可以去换一套衣服，然后变得跟其他人一样。但你如果不想这么做，只要确信你足够坚强，可以承受一切外界的嘲笑，那么就坚持下去。不过，你必须知道，你会因此而引来批评，你的情况会很糟糕，因为与大众不同本来就很不容易。"

乌比·戈德堡大受鼓舞。她突然意识到，除了母亲，没有人会在一开始就对自己的"另类"存在方式给予理解，更不要说是鼓励和支持了。如果她为了与朋友的目光"和谐相处"而换掉今天的这身衣服，那么日后又要为多少人换多少次衣服呢？也就是从那时起，乌比·戈德堡一生即使在强大的"同化"压力下，也不愿为了他人的目光而改变自己。

她在《修女也疯狂》中扮演的修女也是一个很另类的形象。就是在她成名后，也总能听到人们说："她在这些场合为什么不穿高跟鞋，反而要穿红黄相间的跑步鞋？她为什么不穿小礼服？她为什么跟我们不一样？"可最终，人们还是接受了她的风格，甚至是受了影响，学着她的样子梳起黑人细辫、做人字头，因为她是那么与众不同，那么魅力四射。

人们总是习惯以一个人的外形作为先入为主的评判依据，却忽视了内在。要想成为一个独立的个体，就要坚强到能承受来自各方面的各色眼光。乌比·戈德堡的母亲是伟大的，她懂得告诉她的孩子一个处世的根本道理——拒绝改变并没有错，但是拒绝与大众一致也是一条漫长的路。

如穿衣一样，生活中我们也不能总是随着别人的目光而变来变去。

所谓"众口难调",大千世界,人人的喜好都不尽相同,没有自我的生活方式,内心就像一叶没有根的浮萍,随波逐流。生活中原本就没有一成不变的条条框框,只要内心坚定,自然就不会起那么多的纷争,世界也会因你而改变。

很多时候,我们内心的满足来自别人目光折射回来的色彩基调:别人羡慕我们幸福,自己感觉就很满足;别人觉得她们自己很幸福,我们就会拿自己的生活与之相比。人们总是忽视了自己内心真正想要的东西,而常常被外在的事物所左右。无论他人幸福与否,那都不是我们所能得到的生活。将自己的幸福建立在与他人比较的基础之上,或建立在他人的目光中,那么我们永远也不会感受到幸福。

一家卖了旧房、在闹市区买了新房的老邻居,劝她也该"重新动动"了。于是,女人便眼红心动,和丈夫吵着闹着也要在闹市区买房,而且还偏要和邻居是同一栋楼。

当历尽"口舌之磨、身心之疲"后,好不容易交了订金,女人仍然不满意:要买就买比老邻居大一点的那套。

等到钥匙拿到手后,心算踏实了。当亲朋好友问起时,女人显得毫不上心地随意一说:"嗨,不大,才100多平方米,就比那谁家的大一点儿!"

将自己的生活置放在别人的标准和目光中,相对于短暂的人生而言,是怎样的一种悲哀和痛苦。当我们总是把"别人的目光"作为终极目标时,就会陷入物欲设下的圈套。如同童话里的红舞鞋,漂亮、妖艳而充满诱惑,一旦穿上,便再也脱不下来。我们疯狂地转动舞步,一刻不停,尽管内心充满疲惫和厌倦,但脸上依然还要挂着幸福的微笑。当我们在众人的喝彩声中终于以一个优美的姿势为人生画上句号时，才发觉这一路的风光和掌声，带来的竟然只是说不出的空虚和疲惫。

别人的目光纵有千千万，也比不上对自我心灵的诚实。没有喧哗的鼎沸，没有华丽的陪衬，却仍然可以拥有自身的纯正圆融，安详而淡雅地存在。如此，演绎出自己的独特，才是泰然自若中的华彩。

5

当你愿意记住别人的好，便能发现生活的美

珍妮是家里最小的女儿，她有三个姐姐、两个哥哥。因为年纪小，父母最疼爱她，珍妮从小就很娇气，还经常对哥哥姐姐不满意。

这一天，珍妮对妈妈打小报告，说三姐弄坏了她的娃娃，又说二哥骂他是娇气包。说着说着，珍妮哭了起来，发誓要把这些事写在日记上，记一辈子。妈妈说："珍妮，我问你，上一次谁给你的娃娃做了新衣服？是不是三姐？还有上个月你的脚受伤，谁天天背你上学？不是你的二哥吗？你应该记住的是他们的好处，而不是在日记上写下他们的不好。"

人与人的关系有时很奇怪，有的人尽心尽力为别人做事，可能有一个地方做不到，对方就会记恨。倒是那些平时不闻不问，偶尔做一件好事的人，能让别人夸奖："这个人雪中送炭，真是个好人！"这就是我们的思维存在的显著误区：我们对别人经年累月的奉献习以为常，经常忽略身边人的奉献，还揪着他们的缺点不放。最简单的例子就是子女对待父母，子女总是说自己和父母之间有代沟，父母不能理解自己，甚至说重话让父母伤心，这一切都让两代人的关系更加难以融洽。

人与人的关系需要用心经营，和别人生气之前，要记住别人的好处，要分析这件让你生气的事值不值得破坏你们的关系。不要急着说气

话，也不要因为一点小事就否定对方的全部，那只会让你们的矛盾更加激化，直到变成不可逾越的壕沟；相反，如果每个人都能宽容一点，接受他人的缺点，忍让他人的不足，人与人之间的摩擦会减少至少一半。有什么事是不能忍耐的？冲突既然难免，就要学着迁就、学着包容，因为感情的目的并不是要让对方伤心，而是希望双方快乐。

梅森镇是一个重视品德和个人荣誉的城镇，在那里，有过入狱经历的人根本找不到工作，只能背井离乡。只有哈里斯先生愿意收留那些曾经蹲过牢房的人，让他们在自己的商店做搬运工、店员以及采购员。哈里斯的做法引起了镇上很多人的不满。甚至有人到商店里抗议，威胁今后不在哈里斯的商店买任何商品了。

哈里斯语重心长地对这些人说："各位大概不记得了，我年轻的时候每天在镇上游手好闲，有一次打架后在监狱里待了一年。在那一年我反省了以往的作为，在我出狱后，没有人愿意收留我，我只能一个人去外乡漂泊。多年后我成为商人回到这里，你们已经忘记我当年的作为，只记住了感谢我给你们带来了物美价廉的商品。我还记得我在外面吃的苦头，现在，我希望能用我的力量帮助他们改过自新。你们为什么不能看到他们的优点呢？"

听了哈里斯的话，居民们是否还对那些重新开始生活的犯人抱有敌意，仍是个未知数，但至少他们多了一种看问题的方法：看看别人的优点，不要抓着别人的错误不放。

当你身边的人有一些缺点，在你看来不能容忍，但在对方看来，也许那就是他的特点和长处。有时候两个人的矛盾就像两个孩子为小事争吵，如果跑到老师面前评理，老师只好说："你们都是对的，回去吧。"

这种结果固然让人不服气,但你是你,别人是别人,不能勉强任何人合乎你的所有想法。如果能换一个角度,也许你就能够承认"我没错,对方也没错"这个事实。

生活中,没有那么多的是非曲直,也没有多少深仇大恨,自己是对的,别人也未必就有错。人与人的矛盾在于他们无法相互理解:人与人思维不同,做事方法不同,你不愿为他人考虑,一味盯着别人的缺点,一味批评别人的错误,吃亏的并不是对方,而是斤斤计较的自己。达观的人愿意记住别人的好处,记住别人的优点,再用这种眼光去看周围的一切。当你有一双发现闪光点的眼睛、一颗足够包容的心,你会发现每个人都很可爱,生活处处都有乐趣和情谊。

6

别用他人的错误来惩罚自己

　　一个善良的女子嫁给一个贫穷的青年，陪伴他度过了创业的艰苦岁月。结婚七年后，已经成为富翁的男人另觅新欢，向女人提出离婚。女人沉默地搬出了他们共同的家，从此认为天下男人都喜新厌旧，再也不相信婚姻。多年来，她一个人过着寂寞的日子。

　　很多人为女人着急，劝她再找一个踏实的人，女人却对被抛弃的事念念不忘，不肯相信别人，也不相信身边的追求者。而那个喜新厌旧的男人并没有回头，他依旧有了新欢忘了旧爱，换了很多情人。女人在痛苦中活了几十年，至今单身。

　　一个女人被负心的丈夫抛弃，从此封闭了自己，再也不相信爱情和婚姻。她在孤寂和怨恨中过了几十年，而丈夫却游戏人生享尽欢乐。两相对比，我们不禁为这个女人叹息，为了这样一个男人拒绝幸福，这不是自讨苦吃吗？离婚并不是女人的错，那个真正应该承担错误的人逍遥自在，女人却背负他人的错误活得辛苦压抑，是男人太无情，还是女人太执着？

　　很多时候，我们放不下过去是因为别人，别人的一句恶语使我们长久以来耿耿于怀；别人的一次伤害使我们一直忍受煎熬；别人的一次错误使我们责备自己没有照顾周到……把别人的错误揽在自己的身上，就是选择了一种错误的生活，因为犯错的主体并不是你自己，你无法解决，别人不解决，你就只能背负着自己强加给自己的责任。最后，别人生活得很好，你却终日痛苦，这不是负责，这是犯傻，是想不开。

达观的人从不用别人的错误来惩罚自己，他们只负自己该负的那部分责任。生命是自己的，先对自己负责才能对他人负责。如果本末倒置，在自己都没有管好的情况下去承担别人的错，只会让生活一团糟。

飞达公司最近新上市一批肉品切割工具，这款工具经过技术改良，能够分门别类切割牛、羊、猪肉，也有配套组件能够处理鸡、鸭这些禽类。这种工具成本低，既适合超市使用也适合肉制品店。负责企划的人自信满满，相信这种工具一定会占领市场。

上市后，意想不到的事情发生了，配套的禽类切割工具出现了尺寸问题，给用户带来不便，用户表示只希望购买主件。公司为了息事宁人，立刻做出了购买工具价格不变，赠送配套附件的承诺，这也使公司损失了一大笔金钱。

负责人十分自责，每天上班的时候都低着头，不敢看老板的脸色。老板起初很生气，气消了以后反倒安慰负责人说："谁都有失败的时候，而且这件事你虽然有责任，但并不全是你的错。你看那个负责设计的人还充满干劲，你怎么能一直消沉呢？我知道你是个负责任的人，现在请你负起最大的责任——继续努力工作，想出更完美的企划！"听了老板的鼓励，负责人很快打起精神，联系设计师改良工具，终于在第二年用新产品占领了市场。

企划部负责人负责的一个新产品造成了公司一大笔损失。负责人一直打不起精神。精明的老板安慰这位负责人：最大的责任不是检讨过去的错误，而是要挽回这个错误。负责人重新联系设计师，终于在第二年获得了巨大的成功。

一个负责的人当然不会因为主要错误在他人，就将过错全部推给对方。在不被这错误困扰的同时，他们会找到恰当的方法弥补，给自己一个交代，给他人一个机会。这是积极地解决问题的方式。有的时候，我们不应该为别人的错误负责，让我们自己难过，但有的时候，当自己的确有责任，我们仍然需要担当，为自己也为别人将事情扛下。需要注意的是，我们扛下这件事不是为了为难自己，而是为了事情解决得更好，为了让自己更加优秀。

有时候我们会造成无法弥补的错误，也许是一次不经意的闪失，也许是长久以来错误的积淀，也许是思路出现偏差的决策失误……不论原因如何，损失已经造成，伤害已经造成，我们能够做的唯有接受它，承担自己的责任，向那些蒙受损失的人表达真诚的歉意。也许我们挽不回过去，却可以做一些力所能及的事，让自己心情舒畅，这不失为一个利人利己的两全办法。不经意间，我们战胜了昨天，也战胜了自己。

不为他人的错误为难自己，是一种达观。为了他人考虑也为了证明自己而努力，是一种气魄。要对自己宽容，即使是普照万物的太阳也会产生阴影，何况我们只是普通的人？要对他人宽容，即使那个人伤害过你，这疼痛也促进了你的成长，让你更加坚强。不必在意别人的错误，你要做的是走自己的路。

❼

选择朋友就是选择人生，与负面朋友圈断舍离

在古代，有一个叫管宁的书生，他有一个叫华歆的朋友。有一次，两个人在菜园里干活，从地里捡到了一块金子。管宁认为这是不义之财，看都不看一眼。华歆看到金子，双眼发光，连忙捡起来细细查看，直到注意到管宁冷冷的目光，才把金子扔掉说："君子怎么能爱财呢！"

又有一次，两个人坐在一张席子上读书，有个大官乘着轿子从门前经过，华歆羡慕不已，跑到门口看那位大官的排场，回来后不住对管宁称赞大官的轿子是如何豪华，手下如何气派。管宁拿出一把刀子割断席子，对华歆说："道不同不相为谋，从今天起，你不是我的朋友。"

在古代，正人君子代表道德修为的高级境界，君子大多是一心读书的人，他们重义轻财，以国家社会为己任，他们想要得到功名，为的是作出一番利国利民的事业。管宁就是这样一位君子，通过捡金和看轿子两件事，他看穿了朋友华歆的贪财与虚荣，俗话说，"人以群分"，以管宁的正直，自然不屑于与华歆结交。

"管宁割席"是我国的著名成语，人们常常拿管宁做例子，教导他人要妥善选择自己的朋友。在我们的人生道路上，不可小看朋友对自己的影响。当年孟子的母亲三次搬家，就是希望孟子在一个有很多正人君

子的环境下，受他们的熏陶长大，并结交高尚的朋友。有时候，你选择和什么样的人来往，一定程度选择了一种人生。

常言道："多个朋友多条路。"很多人认为朋友越多越好，因为每个人都有自己的特长，这些特长都有可能转化为对自己的援助。也有人说交朋友最好能像战国的孟尝君那样，连鸡鸣狗盗之人也能结识。但他们忘记了，孟尝君结交的不是偷鸡摸狗的强盗，他们在孟尝君有难的时候愿意挺身而出，是有节操、能够急人之危的君子。结交朋友首先要看的不是对方的相貌、才能、家世，而是他的人品。我们国家历来讲求君子之交，如果一个人的朋友有君子的品德，就像管仲遇到鲍叔牙，他可以将自己的一切托付给这位朋友。

选择什么样的朋友，代表了一个人的人生态度。孔子说："与善人居，如入兰芷之室，久而不闻其香。与恶人居，如入鲍鱼之肆，久而不闻其臭。"不论是芳香还是恶臭，闻得习惯了都会习以为常。选择一个有德行的人作为朋友，不知不觉会受到他的熏陶，模仿他的举止，让自己的素质在不知不觉间得到提高；相反，选择一个没有品德的小人做朋友，自己也会变得自私、狭隘，更可怕的是，因为身边都是这样的人，察觉不出自己的缺点，久而久之，对坏事习以为常，自己也变成了同样的恶人。

当我们总是想要选择一个值得尊敬、值得学习的人成为朋友时，千万不要忘记一点：友谊是双方的，感情的付出是相互的。当我们考虑对方能为自己带来什么时，也要努力思考自己能为对方做些什么。真正的友谊都是相互的，当两个人愿意朝好的方向发展，自然会选择二人身上的优点作为标准，共同学习、共同进步，好的朋友，会让人受益终身。

人生得一知己足矣，什么样的朋友算是知己？古书上说："士有诤友，则身不离于令名。"说的是正直的、敢于指出你缺点的朋友能让你一生都有好的名声。当所有人都碍于情面、出于惧怕，对你的缺点睁一只眼闭一只眼时，真正的朋友却会一针见血地说出它，让你改正。真正的朋友不希望你因为缺点吃亏，比起自己，他们更关心你。

所罗门说："一千万个人中，只有一个人能够成为你真正的朋友。"真正的朋友可遇而不可求，需要避开那些虚伪的笑脸。快乐的时候，真正的朋友也许不会出现，当你有困难的时候，他们总是第一时间来到你身边；真正的朋友会有矛盾，但他们会尊重对方的选择……慎重选择朋友，用心对待朋友，朋友一生一起走，好的朋友是每个人一生最大的财富。

8

别对他人的批评之声一概屏蔽

说起爱迪生,人们都知道他是伟大的发明家,他是一个勤奋的人,他有一句名言:"天才是百分之一的灵感加百分之九十九的汗水。"他发明的电灯泡为夜晚带来了光明……他的成就很多,但很少有人知道发明家爱迪生晚年的遭遇。

自从爱迪生成名后,他对自己的评价越来越高,渐渐成了一个自负的人,他不相信世界上有人比他更聪明。每当助手向他提出一些好的建议,他总是不屑一顾地说:"我的想法是最好的,不需要别人的意见。"伴随骄傲而来的是故步自封,还有很多有才能的助手再也无法忍受他的自满,纷纷离开他。那之后爱迪生再也没有什么伟大的发明了,他遏制了批评的声音,也就挡住了成功的机会。

伟大的发明家爱迪生以他的创造性发明被世人铭记,人们对伟人的观察和看法往往片面,看到了他的功绩和努力,却常常忘记伟人也有犯错的时候,甚至是毁掉自己的致命错误。就像爱迪生到了晚年,成了一个故步自封的老人,不肯接受任何外界的批评,他的思维再也不能有所突破。一代发明家在自己的固执中,错过了本应更加辉煌的人生。

人们对自己的看法也常常出现片面的情况，当一个人有了成绩，有了旁人的赞誉，他很容易飘飘然，过分高估自己的才智，忘记自己也有不足，认为自己无所不能。这个时候他会变得自满，变得不敢承认自己出错。为了证明自己的正确，他会挡住所有批评的声音来自我麻醉。这样的人固然有自己的一套成功方法，但随着外界环境的改变，老方法早晚会过时，新方法又没人教导，吃亏的还是自己。

想要准确定位自我，首先要承认自己是个凡人，会犯错也有很多不足，与那些真正的成功者还有差距，然后才能虚心接受他人的批评和指正。他人的批评不一定就是对的，他人的建议也未必符合自身的情况，但是，愿意倾听就是一种进步，是一种想要提高自己的态度，这样才会有更多的人想要帮助你，敢于指出你的不足。要相信在这个社会上，没有人有闲心指责你的缺点以得罪你，愿意费脑筋给你想改进方法的人，才真正是关心你、对你有帮助的人。

许多居民迁徙到了一片荒野，他们在山坡种了果树，山脚种了粮食，荒野很快成了人们安居乐业的地方。在山坡上，果树茁壮成长，引来了几只啄木鸟。

啄木鸟很勤劳，每天按时来给每棵果树抓虫子，但被啄木鸟啄过的树木，不但树皮有裂痕，有时候还会损害树里的纤维和结构。一棵苹果树生气地说："为什么你们每天都要在我身上啄来啄去？你们真是一群讨厌的鸟！"

啄木鸟很礼貌地说："我们来这里是为了抓虫子，避免你们生病。"

"我不认为自己有病，你们去别的果树身上抓虫子，别来烦我！"苹果树倨傲地说。

啄木鸟果然不再理它。没过多久，苹果树觉得浑身不舒服，它死撑着不告诉别人，可是到了秋天，别的树上结满了果子，只有它枯黄消瘦，勉强结了几个小苹果。这个时候它才后悔当初没有像其他果树一样，接受啄木鸟的"治疗"。

几只啄木鸟来到果园抓虫子，一棵苹果树害怕自己的皮被它们啄破，不肯让啄木鸟在自己身上留下疤痕。啄木鸟苦口婆心地劝告它，说明自己固然是在寻找食物，但同时也能帮果树消除身上的隐患。固执的果树仍然不肯听话。即使生病，它也宁愿自己撑着，不肯承认自己的错误。到了秋天，健康的果树结满了果子，这棵病恹恹的苹果树勉强结了几个小苹果，在丰收的果树丛中后悔不已。

在我们的生活中，批评和意见就像啄木鸟尖尖的嘴，难免伤害我们的自尊，影响我们的心情，但这些批评却能够让我们更加健康。我们都听过《讳疾忌医》这个故事，神医扁鹊去见齐桓公，对齐桓公说："您生了一些小病，需要医治。不治的话恐怕会恶化。"齐桓公却认为自己没生病。医者仁心，扁鹊好几次求见齐桓公，劝齐桓公赶快治病。齐桓公仗着自己身体强健，每次都说："寡人无疾。"还对左右的人嘲笑扁鹊说："医者就是爱治那些没生病的人，以显示自己的医术。"扁鹊最后一次见齐桓公，知道齐桓公已经病入膏肓。没多久，齐桓公终于察觉自己生了大病，再想找扁鹊，扁鹊已经离开齐国。讳疾忌医的齐桓公就这样一命呜呼了。

很少有人从出生开始就身患绝症，也很少有人在成长之初就有性格缺陷。病是一天天变大的，缺陷也是被人一天天放纵的，最后才不可收拾。不要小看别人的每一句建议或批评，除了恶意的吹毛求疵，你没有毛病，不会有人故意批评你。能在批评中发现自己的问题，向那些为自己提出建议的人道谢，才是成功者的态度。在生活中，忠言逆耳，听不听在你自己；良药苦口，喝不喝也在你自己。

9

对每个人心怀平等与尊重

一位成功的商人正在对记者讲述他的成功经验,商人主要经营农作物,却把一位皮鞋商人克拉克奉为偶像。记者们从来没听说两位商人之间有什么往来,好奇地询问原因。

商人说:"当年,我是一个到处找工作的高中毕业生,好不容易联系了几家农场,把他们的产品推销到城里,但我当时还年轻,没有人愿意理会我。后来,我敲开克拉克先生的大门,那时候正是冬天,克拉克先生显然不想买我推销的产品,但他看我穿着单薄的衣服,仍然请我进屋喝咖啡,送我走的时候对我说,我和他没有什么不同,他卖的是皮鞋,我卖的是水果——他的意思是我并不比他差。因为这句鼓励,我才能有今天的事业。"

成功的商人崇拜另一位商人克拉克先生,崇拜的理由并不是克拉克先生优秀的商业头脑或者高超的生意理念,而是他对人的平等观念以及由此而来的尊重。他能够对一个没有任何地位的年轻人说:"我们并没有什么不同。"年轻人得到这样的鼓励,才能有今日的辉煌。

也许在克拉克先生看来,谁也不能小看他人,哪怕是一个不起眼的推销员。成功者和未成功者的最大区别是什么?只是前者比后者多走一步，谁又能断定后边的人超不过前边的？事实上，后来者居上的例子远远多过永远获得胜利的。所以，我们没有理由小看别人、贬低别人，任何人都有值得我们尊敬和学习的地方，能够肯定别人的人，同样能够正视自己，这既是一种修养，也是一种智慧。

一个学习社会学的女大学生想要做一个调查，题目是"一个女性的年龄是否影响外人对她的态度"。为了得到第一手资料，美丽的她化装一个六十岁的老太太。当她走在大街上，看不到平日惊艳的目光。当她进入商场或饭店，再也没有男士殷勤地为她开门。当她买完东西想要付款，收银员爱理不理，对她的问题反应也很冷淡。

女大学生有点伤心，难道一个人不再年轻、不再貌美，就要受到人们的冷遇？因为想得太入神，她不小心撞到了一个年轻人。年轻人气得大叫："你走路怎么不小心一点！"这时，路过的另一个年轻人说："老人家走路不稳，你应该让着他们，怎么能对她大喊大叫？"一边说一边扶着女大学生坐到一边，关心地询问她有没有碰伤。女大学生突然懂得了什么是真正的修养，什么是真正的尊重。

为了了解女性地位的真实情况，女大学生做了一个试验，她扮成一个老太太走上大街，惊讶地发现自己平时获得的尊重和礼遇，只是因为自己年轻美貌。正在她有些绝望的时候，突然发现仍然有人关心她、保护她。她突然明白了什么是真正的修养，那是发自内心的对生命的重视，不论对方年龄如何、职业如何，一律平等，一视同仁。

判断一个人是否有修养并不是一件困难的事，只要看他对待不同人的态度，就能分辨出此人修养的高低。有修养的人不会看不起任何人，即使对街边的乞丐，他们也会保持应有的礼貌和尊重。修养更进一步,就是爱心和扶助,当看到他人遇到困难,能够及时伸出援手,不会冷漠路过。他们看人的目光永远平视而温和,让人瞬间感受到品德的高贵。

一家公司正在招聘员工,面试大厅挤满了前来求职的人,场面一片混乱。一位年轻人好不容易才把简历递到人事经理手中,得到的是一句"回家等通知"。

年轻人正要离开,突然发现会场有个老人正在打扫卫生——会场人太多,有很多灰尘纸屑,必须及时打扫。年轻人看到老人佝偻着身子,认为一个老人家独自打扫太过辛苦,就主动上前拿过老人的笤帚,帮他干活,打扫完之后再默默把工具塞给老人。

出乎意料的是,当晚年轻人就接到电话,吩咐他明天到公司报到。后来年轻人才知道,在会场打扫卫生的老人竟然是这家公司的老板。

修养不是一句口号,它显示在日常生活的每个细节中,包括如何对待一个扫地的老人。尊重是相互的、双方的,当你尊重别人的时候,身边的人也正在建立对你的尊重;而当你歧视别人时,更多的人会对你的行为感到鄙薄。尊重他人说起来简单,做起来却不容易,它首先需要一颗足够宽容的心,愿意与他人求同存异,愿意包容他人可能出现的缺点不足,也愿意付出自己的关怀和精力。日常生活中,我们能做到的最简单的尊重,就是不轻易评价他人,不参与他人是非,不对任何人失礼。

在人际关系中,"尊重"的位置至关重要,一个人首先尊重了别人,才能真正欣赏对方的优点,并在这个基础上和人对话交流。也只有在"被尊重"的前提下，对方才更愿意接受你。人与人的关系是相互的，真心需要真心换，修养与尊重的内涵，并不是客套与礼貌，而是对自己的克制、对他人的爱心。

第六章

和负面情绪真正断、舍、离

没有健康的心理,就没有健康的人生。人生的不如意大多来自心灵失衡,当人们陷入烦恼情绪不能自拔时,会生出种种消极的念头。切断消极,抛离焦躁,舍弃盲目,根除烦恼症结,别让坏情绪侵占你的心灵。

❶

没有人愿意欣赏你抑郁的脸

布兰达是巴黎话剧团的知名喜剧演员，在十几岁的时候，他就能将莫里哀的著名喜剧表演得出神入化，令观众捧腹大笑。在日常生活中，他同样是一个幽默开朗的人。

记者参观他的房间时发现，布兰达的盥洗镜旁放了一张与镜子同等大的照片，照片上的布兰达一脸郁闷。布兰达说："每天起床我都会先看一眼这张照片，告诉自己'没有人愿意欣赏你抑郁的脸'，再照镜子的时候，我会努力让自己的表情开朗、朝气，这样别人才能知道我是个快乐的人，而不是倒霉蛋。"

人们常说，"人生如戏"。多数人的人生是一部正剧，悲喜交加，苦辣参半；部分人的人生是一幕悲剧，作茧自缚，惨淡收场；只有极少数人将自己当作喜剧，他们很少会悲观绝望，总是愿意相信未来，相信幸福是人生的本质。即使生活平淡，他们也会用笑脸来装点，愉悦自己鼓励他人，就像故事中的喜剧演员布兰达，每天都对自己说："没有人愿意欣赏你抑郁的脸。"的确，一张面带微笑的脸，比一张写满失落、不满、悲观的脸更有吸引力。

抑郁是常有的情绪，人们常常因为某些原因心灰意懒，做什么事都提不起劲，一旦严重还会发展为抑郁症，需要药物治疗和心理调节。抑郁的人容易食欲不振，睡眠质量差，思考事情时难以集中精力，缺乏行动力和自我调节能力，这些都极大地影响了人们的正常生活。得了抑郁症，就像心灵被链条绑住了，做什么事都觉得有压力。

现代医学研究发现，很多疾病都与人的心情有密切关系。当一个人长期处于情绪低落状态、生活在抑郁的情绪中，很容易生病，小病成大病。这就是为什么当医生发现一个病人的病情很严重时，宁愿选择部分隐瞒，只为病人有一个轻松的心态，有利于病情的控制。医生明白，心情虽然不能决定病情的好坏，却有很大的暗示作用，有时直接影响治疗效果。

李杰是上海一家IT公司的优秀销售员，最近刚刚辞掉工作，他说他需要一段时间仔细思考自己的人生。

对于李杰来说，每天早出晚归的生活让他喘不过气，每天在车站和车站之间奔波，不断对客户施展三寸不烂之舌，思考对手公司的策略。签下合同，刚松一口气，又要忙下一个单子。女朋友抱怨他只顾工作，他只能低声下气地道歉。而今他的事业有了起色，不少公司都对他伸出橄榄枝，猎头们争相给他打电话，他却被日复一日的琐碎弄得萎靡不振。

毕业的时候，李杰认为凭借自己的能力，一定会有一番辉煌成就。三年后的今天，李杰第一次认为自己应该重新规划人生，他想生活在更充实的氛围中，而不是睁开眼就面对一连串的抑郁。

大仲马说，人生就是由烦恼组成的一串念珠。像李杰一样，现代人经常为生活中的琐事烦恼。佛家规定念珠有108颗，人生的烦恼远比108要多得多，人们数一遍，还要数第二遍、第三遍，难怪李杰这样的人会陷入忧愁。他们认为人生只有烦恼，为生活烦恼、为事业烦恼、为恋爱烦恼……他们看到了念珠数目繁多，却没看到这些珠子能够被心志磨砺为圆润光滑，很容易就在眼前手间溜过。

抑郁还有另一个说法："自己和自己过不去。"喜欢为难自己的人总有办法把生活想复杂，把困难扩大，把失望加深，这种负面的心理暗示会让一个人的情绪越来越不稳定，也会影响他周围的人，让其他人也跟着厌烦、跟着纠结，甚至跟着绝望。人们常说："那个人整天拉着脸，像谁欠了他几百万。"抑郁的人像个债权人，好像全世界都欠了他似的。而对于周围的人来说，他们并不喜欢身边有个债主，他们更希望身边有个满脸微笑的人，让他们能够放松，不必整天小心翼翼，生怕产生矛盾。

舍弃抑郁看似困难，其实所有的抑郁都因为"想不开"，抑郁的人让思维钻进牛角尖，看不到事情的全貌，不去想事情可能很简单，失望里也有希望。他们不会努力发掘事情积极的一面，当然也就看不到解决的可能。有时候，他们甚至会把正常的事看作烦恼的来源。比如，当大家都在为工作奔波时，抑郁的人认为工作是种压迫，限制了自己的才能，掠夺了自己的劳动力。当他们苦苦思索如何摆脱这种压迫时，那些积极努力的人已经升职加薪，把工作变成了事业。由此看来，抑郁百无一用。

一位社会学家对长寿问题进行调查，发现性格是否开朗与寿命长短有直接关系，调查结果显示，长寿老人中 80% 以上性格乐观，很少有孤僻者。的确，在公园里看到的那些长寿老人，养鸟钓鱼，喝茶下棋，练气功排舞蹈，每个人都有张怡然自得的笑脸。他们的人生也许并不是那么不顺心，但他们懂得，比起一个人坐在昏暗的屋子里发愁，尽情享受有限的生命，才是人生的真谛。

❷

每个人在愤怒时，背后都站着冲动的魔鬼

莎士比亚的名著《奥赛罗》讲述了一个关于愤怒的悲剧。

奥赛罗是一位战功卓越的将军，他有一个美丽善良的妻子苔丝狄蒙娜，夫妻恩爱。有个叫伊阿古的人嫉妒奥赛罗，假意成为奥赛罗的好朋友，却在找机会想要除掉奥赛罗。他挑拨奥赛罗和妻子的感情，诬陷苔丝狄蒙娜与人有染。奥赛罗在伪造的证据前怒不可遏，冲回家亲手掐死了深爱的妻子。

真相很快大白，奥赛罗抱住妻子的尸体悔恨不已，最后拔剑自刎。

千百年来，《奥赛罗》这部戏剧不断被搬上舞台，观众们憎恨包藏祸心的伊阿古，同情纯洁无辜的苔丝狄蒙娜，对奥赛罗，感情却很复杂。有人理解一个深爱妻子的男人在嫉妒和愤怒之下铸成大错，杀死了心爱的妻子；有人责怪奥赛罗不能克制怒火，为什么要轻信谎言，而不是立刻调查一下事情真相——伊阿古说的只是容易拆穿的谎言；有人哀叹如果奥赛罗愿意听听苔丝狄蒙娜的解释，多一点理智，少一些愤恨，就能知道真相，迎接皆大欢喜的结局。最后所有人都感叹："冲动是魔鬼。"

人在愤怒之下容易盲目，怒火中烧的人没有理智可言，很小的事也会导致一起刑事案件，报纸上曾报道，在一家网吧，几个来上网的大学

生正在组队玩网游，因为对 PK 结果不服，其中两人从电脑旁站了起来，恶言相向，最后大打出手，有个人拿出一把水果刀插进了另一个人的心脏。受伤的人抢救无效宣告死亡，而杀人的学生也将面临死刑。如果当时有一方能够压下怒火，讲几句道理，或者退一步，让一下，这幕惨剧就不会发生。

为什么人在愤怒的时候特别容易失去理智？因为当一个人的火气被撩拨，全身的细胞都处于亢奋状态，急需一次发泄，这个时候人们就会急不可耐地寻找情绪突破口，没有时间思考"发泄的后果是什么""为这件事值得发怒吗"。人们常说"忍不住怒火"，其实是不想忍，不懂怎么忍。不能克制怒气有极其严重的后果，小则肝火上升，影响健康，大则酿成灾祸，所以人们都说"小不忍则乱大谋"。

小何和小王是一对新婚夫妻，小何脾气不好，小王也是父母宠坏的娇娇女，两个人经常爆发争吵，有一次，两个人吵架升级，开始闹离婚。小王一气之下回到家对自己的妈妈说："日子过不下去了，我要和他离婚。"母亲说："亲戚家的孩子今天满月，我要去吃饭，你明天过来，我们详细谈谈这件事。"

第二天，小王怒气冲冲地又回了娘家，对着母亲细述小何的错误。母亲说："你阿姨身体不舒服，我要陪她去医院拿药，你明天过来，我再和你谈这件事。"

第三天是个周末，小王起床时，发现小何正在给自己做早餐，突然觉得小何其实不错，夫妻磕磕碰碰在所难免，用得着离婚吗？这一天，他们和好如初。晚上，小王母亲打来电话问："现在我有空了，我们来谈谈你离婚的事。"小王不好意思地说："没什么大事，妈你就别担心了。"

小王的妈妈是一位人生经验丰富的长者,面对女儿的牢骚抱怨,她没有规劝,当然更不会火上浇油,她采用一种"冷处理"办法,以各种各样的理由把女儿晾在一边,让她自己去考虑、权衡、消化。没过几天,小王的怒火一过,看到丈夫的好处,自然不会再想离婚。不管愤怒的原因是什么,也不管怒气冲天时人们有多少抱怨,当静下心来自己思考,曾经发怒的人都会和小王得出同样的结论——"没什么大事"。

我们发怒的原因大多不是大事,如果纵容自己的怒火,结果倒可能成为一件令所有人不愉快的大事。即使在愤怒的时候,也要用理智画一条警戒线,才不会酿成大错,追悔莫及。忍耐的秘诀在于"最初一分钟",怒火上升时,你需要冷静,再冷静,告诫自己要忍耐,"忍耐一分钟就可以",竭尽全力忍下最初的一分钟,那么你就可以忍下两分钟、三分钟、五分钟、十分钟……怒火渐渐被理智压制,人的头脑也在这个过程中变得明朗。比起事情的完美解决,一时的气愤又算得了什么?俗语说,忍得一时气,安得百年身。

音乐厅里正在为即将到来的演出排练,也许是天气太热的缘故,演奏者们不时出现失误,让急脾气的指挥越来越烦躁。一次不完美的合奏后,指挥终于开始发火。

指挥首先指责小提琴手弹错一个音,大骂对方是饭桶;大提琴手没有及时领会他的意思,他大叫这个人不配进乐队;鼓手的配合出了问题,他指着鼻子让人家滚蛋……排练席上的音乐家不满地瞪着指挥,火气渐渐酝酿。

看到气氛不对,指挥突然对演奏者们鞠了一躬,歉意地说:"对不起,昨天我的孩子高烧进了医院,脾气不好,迁怒于各位,请你们原谅我。"音乐家们正在上升的怒火瞬间被熄灭，继续心平气和地练习曲子了。

故事里的这位指挥同样是个懂得观察的人，当他发现人们的怒火马上就要爆发时，立刻管住自己的情绪，向大家道歉，取得他人谅解，消弭了一场风波。我们可以设想一下，倘若这位音乐家不道歉、不和解，他的形象就会在众人心目中大打折扣，乐手们也许会把对他的情绪发泄在演出中，下意识排斥他的指挥，导致整个演出的失败。

面对怒气，不论这怒气来自他人还是来自自己，都要及时察觉，及时制止。发怒的时候，也要争取顾全大局。就像英国哲学家培根所说："无论你如何表示愤怒，都不要做出无法挽回的事。"

❸
可以羡慕，但别嫉妒或是恨

我国经典名著《三国演义》中，吴国大将周瑜的形象深入人心。周瑜年轻有为，有雄才大略，孙策临终时对孙权说"内事不决问周瑜，外事不决问张昭"，可见他在吴国的重量。可在小说中，这位大将却因为嫉妒诸葛亮的才智，导致了最后的悲剧。

周瑜几次想谋害诸葛亮，却都被诸葛亮用才智化解，每一次失败，都加深了周瑜对诸葛亮的嫉妒。诸葛亮通过借荆州、帮助刘备迎娶孙夫人、识破周瑜夺取荆州的计谋，"三气周瑜"，导致周瑜毒疮发作而亡。这位本该成为吴国支柱的才俊死前长叹："既生瑜，何生亮！"

"既生瑜，何生亮"是《三国演义》里最有名的一句台词。尽管正史中的周瑜与小说中的形象截然不同，既没有嫉妒诸葛亮，也没有说过这句话，但小说中的故事仍然可以给我们以启迪。假设周瑜不因盲目的嫉妒屡次设计谋针对诸葛亮，而是把目光放长远，把精力放在增强吴国国力上，不但孙刘联盟可以维持较长时间的和平，齐心对抗曹操，他本人也不致毒发身亡，英年早逝。一位有如此才华的大将因被嫉妒之心蒙蔽而失去性命，临死前还在哀叹自己不能赢过对手，真让人无奈，也让人警醒。

同样是嫉妒，战国时期也有一个著名的故事。庞涓和孙膑同跟鬼谷子学习兵法，后来，在魏国做大将军的庞涓嫉妒孙膑的才能，将孙膑骗到魏国陷害孙膑，使孙膑被挖去膝骨成为废人。后来孙膑逃出魏国去了齐国，在马陵之战大败庞涓，使庞涓羞愧自杀。庞涓整日担心孙膑的才华会威胁到自己的地位，一定要除掉孙膑，最后不只孙膑受到了伤害，自己也落得兵败自刎的下场，可见嫉妒害人害己，古往今来，不知多少人因它而走上不归路。

嫉妒是吞噬人心的魔鬼，能够扭曲一个人的心态，让善良的人变得阴险，让理智的人变得盲目，让开朗的人变得阴郁……嫉妒像毒芽一样，一旦生根就很难拔除。而人在嫉妒的支配下，不但令自己坐立不安，眼睛只盯着嫉妒的对象，满脑子都是自己与对方的差距，还容易做出伤害他人的事，给自己和他人带来巨大的损失。

林洁是个心理医生，在一所高校做心理辅导工作。这天，她的姐姐突然告诉她，外甥女小西最近学习状态不对。晚上，林洁去了姐姐家，和小西进行了一番长谈。

最近，正在读高二的小西成绩直线下降，以前总能排到班里前十名，前天的考试只考到第三十名。小西说她每天上学都非常紧张，因为她的好朋友小锦门门功课都很优秀，每次都排在班上前三名，做数学题总是比别人快上几拍，为人又很刻苦。小西每天回家后都会想小锦在做什么，小锦每天学习到几点钟，久而久之，弄得自己心烦意乱，根本无法复习功课。

林洁安慰小西说："嫉妒是每个人都会有的情绪，为什么你不从另一个角度思考这件事呢？小锦和你是好朋友，好朋友有了成绩，你不应该开心一点吗？小锦和你做好朋友，不也证明你也是个优秀的女孩子吗？有小锦这么聪明的朋友，有什么疑问都可以让她帮助你，不是会更快地提高成绩吗？"

经过林洁的开导，小西冷静下来，很快恢复了平和的心态。一个月以后的月考中，小西的成绩虽然还是没有小锦高，但她一下子从第三十名考到第九名，让老师同学们大吃一惊。

不论孩童还是老人，每个人都有嫉妒之心，嫉妒来源于人与人之间现实的差距，也来源于一个人不健康的心态。小西因为嫉妒自己的好朋友，分散了精力，成绩严重下滑。经过林洁的心理开导，小西重新找回了对自己、对朋友的定位，也重新找回了生活的重心。

哲人说："嫉妒就是拿别人的优点来折磨自己。"现实生活中，看似比我们优越的人比比皆是，我们可能会嫉妒他人的美貌、他人的成绩、他人的幸福家庭……因为自己没能拥有，或者拥有的东西不能使自己满意，只好去嫉妒别人。

其实，每个人都不那么如意，一方面优秀，另一方面就会缺失。一个聋人对邻居说："我真嫉妒你能听到各种各样的声音。"邻居是个盲人，他说："是啊，我也嫉妒你能看到这么多东西。"当你嫉妒别人的时候，别人也正暗暗羡慕你，明白这一点，你还有什么不平衡？

嫉妒根植在人们的内心世界，有人愿意将这种感情转化为羡慕或敬佩，有人则任由它发展为敌视与不平。人一旦被嫉妒蒙蔽双眼，就会忽视现实，总是沉浸在攀比的情绪中。与其嫉妒别人的拥有，不如先在自己身上找一找原因。嫉妒是对他人优越性的敌意，那么他人为什么会比自己优越？自己究竟差在什么地方？只要掌握好嫉妒的限度，嫉妒也可以成为一个成功的契机。当你面对一个优秀的人，不可遏制地心生嫉妒，不妨把这种嫉妒之情化为前进的动力，以那个人为目标，催促自己前进。要相信他人能做到的事，你也一定能做到。

④

自信者，不行也行；自卑者，行也不行

剑桥大学是英国最古老、历史最悠久、学术氛围最为浓厚的大学之一，能够考入剑桥的考生不但需要过人的学识，还需要极强的心理素质。

杰西卡是刚刚考入剑桥商科的新生，在报到前，她最信任的长辈对她说："能够考入剑桥，这件事本身就证明了你的优秀，不论今后遇到什么，希望你像从前一样自信！"

进入剑桥后，杰西卡才明白长辈的用意，剑桥是个优等生云集的学府，在这些人中很容易感觉到自己的弱点，产生巨大的心理落差，而高强度的功课，教授们密集的授课，还有巨大的学业压力都让杰西卡吃不消，以前她是学校的尖子生，现在她成了班上最差的学生。每当她感觉自己无法通过教授的考核时，就会反复拿长辈的话鼓励自己。经过长达一年的努力，杰西卡的各门功课有了起色，渐渐找回了自己曾经的自信。

任何时候，现实总能让人的自信大受打击，因为现实总是不断告诉你："你的能力还远远不够。"杰西卡进入大学后，面临一个多数大学生都会面对的难题：自信心不足。她发现自己一下子从优秀生变为落后生，以前能够考第一，现在总要祈祷自己不要考倒数第一。这种时候，唯一能够证明自己的就是成绩，想要提高成绩，除了努力，还要建立克服困难的自信。

自信与自卑是一个老生常谈的话题，自卑来自内心深处对自己的不认同，每个人都有自己对人对事的标准，什么是好，什么是坏，谁优秀谁无能，自己不能骗自己，也就看到了差距和不足。于是，生病的人羡慕健康的人每天很快乐，相貌普通的人羡慕美丽的人有众多追求者，失去双亲的人羡慕家庭幸福的人可以享受那么多温暖和关怀。

但有时候实际情况并不像他们想的那样，健康的人也许正在羡慕生病的人家里有那么好的条件；美丽的人也许正在羡慕相貌普通的人拥有艺术天赋；家庭幸福的人也许正在检讨自己太过柔弱，羡慕失去双亲的人的坚强独立。人们总是无视自己拥有的东西，想要得到自己没有的东西，特别是某些时候，这种迫切的愿望会变成自哀自怜，认为自己不可能拥有这么好的运气，自卑由此产生。

很久以前，在法国的一个小镇上有一位非常出色的裁缝。他裁制的衣服远近闻名，更有很多客人为了拥有一件他亲手裁制的衣服不远万里而来。到了晚年，深知自己时日不多的老裁缝叫来平日最看好的徒弟，拿起自己平时裁制衣服时用的剪刀说："我老了，拿起这把剪刀时手已经开始颤抖了。我需要找到另一双足以拿稳这把剪刀的手。你懂我的意思吗？"徒弟抹去眼角的泪水说："我懂。您是想要找到一位和您一样出色的传承人。"

老裁缝笑着点点头："但这并不是一件容易的事。这个人不但要有一流的手艺，还必须有丰富的创造力和敢于尝试的勇气。你能帮我找到这样的一个人吗？"

"能，我会竭尽全力的。"徒弟点头说。

自那日起，徒弟开始用心在老裁缝的其他几个徒弟里寻找合适的人选。但他一次一次的提议，都被老裁缝拒绝了。一日，老裁缝再次把这位徒弟叫到自己的病榻前说："这些日子你辛苦了。可你的那些师兄弟其实都不太合适。依我看，你是不是应该把目光放到他们之外的人身上。"然而，徒弟并没有明白他的意思，立刻站起来说："我明白了！我会尝试在其他渠道寻找的，只在师父的几个徒弟里寻找，路子实在是太窄了！"

老裁缝吃力地握住徒弟的手说："你为什么不能够将目光放在自己的身上？最让我称心的传承者其实就是你自己！可你一直都不相信自己有这个能力，才总是把目标锁定在别人身上。每个人都有自己的闪光之处，只是在于你有没有看到这个闪光点，并且很好地挖掘它，让它放射出更耀眼的光芒。"

自卑者的悲剧在于，他们永远看不到自己身上的优点与闪光点，即使他人再三告知，他们仍然半信半疑。就像故事里的老裁缝，一直希望优秀的徒弟继承自己的事业。直到临终，徒弟才明白自卑的实质不是谦虚，而是在贬低自己，既贬低自己的能力，也贬低他人的眼光。

世界上还有一些人，旁人都认为他们会自卑，他们却总能靠自己的勇敢证明自己"能行"。曾听说一个失去双腿的小女孩在手术后放声大哭。哭过后，她拿起一张纸，写出长长一串自己的优点，比如眼睛很有神，性格很温柔，写字很漂亮，有三个要好的朋友，学习成绩一直第一，等等。她靠这种方法度过了最困难的时期，让自己坚强自信。每个人都不完美，但每个人都应该活得自信，要接受自己，欣赏自己，相信自己的独一无二。

还有，自卑固然不好，但一个人自信得过了头，变成了自大，整天对人吹嘘一些自己根本做不到的事，也不是件好事。以平和的心态正视自己的优点和缺点，扬长避短，特别是在面对困难的时候，相信自己的能力，理智地分析当时的情况，定下计划将目标一一实现，才是成功者的心态。只有那些有自信心的人，才能把平庸变成神奇。

5

抱怨正在慢慢侵蚀你的幸福感

一位高僧住在山间的佛堂,附近村庄的村民每天都会来烧香,每一天,村民都在佛前诉说自己的不幸,请求佛祖普度众生,这些人烧完香,就会拉住高僧不停倾诉自己的烦恼,日复一日,高僧无奈地说:"你们觉得自己很不幸,那么谁是幸福的人?"

"任何人都比我幸福。"村民异口同声地说。

"好吧,那么从现在开始,你们每个人拿一张纸条,写下自己的不幸,然后交到我手里。"

村民认真写下自己的烦恼和不幸交给高僧,高僧把纸条的顺序打乱,对他们说:"现在你们一人抽取一张,看一看上面的内容,然后告诉我,你们愿不愿意拿自己的烦恼,交换别人的烦恼?"

村民每人抽了一张纸条,打开之后大叫:"我们还是要自己的烦恼更好!"他们这才发现,原来每个人都有各自的烦恼,而自己的烦恼其实并不是那么严重。

山间佛堂,高僧向那些渴望幸福的村民传达了这样一个事实:不要羡慕那些看上去所谓的幸福。每个人只能承担自己的辛苦,享受自己的幸福,要记得:和别人的烦恼比起来,你遇到的事情也许微不足道。这样一想，痛苦变得微小，烦恼烟消云散。

人生有七苦：生、老、病、死、怨憎会、爱别离、求不得。芸芸众生，谁也摆脱不了这些烦恼，即使努力地克服了当下的烦恼，却发现新的麻烦接踵而来，让人不得安宁，甚至没有喘气的机会。当人们被烦恼压迫，抱怨也就成了生活中不可缺少的一部分，没有人能够万事如意，总有事情让我们扫兴，让我们沮丧，让我们难过，让我们愤愤不平……在这些情绪的驱使下，人们的心灵不再平静，需要痛快地诉说，于是，抱怨开始了。

抱怨的本质是一种情绪的发泄，这种发泄每天都在千家万户上演。晚饭时，丈夫在说老板如何小气，工作如何困难；妻子在说办公室人际关系如何复杂，生存如何不易。两个人互相吐苦水，越吐越郁闷，又把目光对准孩子。孩子刚刚考了不及格，正在抱怨老师批分下手太狠，这种抱怨自然受到了父母的一致批评。于是第二天，孩子和朋友抱怨父母不体谅自己，父母对同事抱怨孩子不争气。抱怨的种子生根发芽，"茁壮成长"。可怕的是，抱怨不能解决任何问题，只会徒增烦恼。

杰西太太透过玻璃窗看院子里晾的衣服，她不满意地对杰西先生说："我们必须换一个钟点工，现在这个钟点工洗衣服总是洗不干净，这么邋邋遢遢的人，怎么能搞好家里的卫生？"杰西先生奇怪地说："我们请来的钟点工是个麻利干净的人，我觉得她很好。"

"不，她洗衣服总是洗不干净，我一定要换一个。"杰西太太说到做到，第二天就辞退了钟点工。第三天，新的钟点工来了，杰西太太不满意地对杰西先生说："为什么现在的钟点工都这样马虎，你看，这一个也洗不干净衣服！"杰西先生说："我认为衣服很干净，不会是你看错了吧？"杰西太太反驳："怎么会呢！你看，衣服上有那么大一块污渍！"

杰西先生坐在杰西太太的位置仔细观察，最后走到玻璃窗前，抹了抹其中一块玻璃，杰西太太发现衣服上的污渍果然不见了，原来，污渍并不在衣服上，而是在玻璃上！

杰西太太的经历不但可以让她自己反省，也向所有人提出了疑问：在生活中，有多少事值得抱怨，又有多少烦恼是我们自找的？是不是我们对他人的意见，对事情的偏激，仅仅是遮在眼前的一小块污垢，只要注意到它，擦掉它，就会发现事情和自己想象的完全不一样呢？

村头有一条河，东岸和西岸各有一个地主，东岸的地主觉得西岸的土地更肥沃，住在那里会有更多的收成；西岸的地主却觉得东岸的土地更开阔，住在那里一定可以让身心舒坦。

有一天，两位地主太过羡慕对方的生活，决定交换财产。可是没多久，他们就发现脚下这块土地也有很多缺点，似乎还不如自己原来的那块，二人都后悔不已。

很多时候，抱怨来自内心的不满足，一个人即使拥有再好的东西，只要他不满足，仍会怨气冲天。当我们的目光总盯着别人的风景，想象着别人的幸福，而忽视自己的拥有，这样的人又怎么会不抱怨？

古语说，一叶障目，不见泰山。抱怨的人往往因为生活的一丁点不如意，就否定生活的美好，认为自己是最不幸的人。但如果能把目光放大，放远，就会发现连抱怨的对象都可能藏着某种幸福。抱怨老板无理由地给自己增加了工作，其实那是老板正想提拔你考验你；抱怨自己不够优秀，其实是发现了自己的不足，也发现了改进和努力的方向；抱怨自己不够漂亮，但因此也有了温和谦虚的个性，受到更多人的称赞和喜爱……

　　世间本无事，庸人自扰之，与其因为抱怨被人认作是一个庸人，不如放平心态，做个宽容大度、笑对人生的智者。

6

只会用语言宣泄不满的人不会成功

发明大王爱迪生曾在美国开了一个实验室，实验室里配备了当时最先进的设备，总价值有几百万美元。爱迪生的多数想法都在这个实验室里进行反复试验，有些已经初有成果。

1914年的一个晚上，实验室发生一场大火，所有实验器材和试验资料毁于一旦。第二天，面对一片焦土，实验室的学者们心痛不已，爱迪生却说："大家不要难过，这一场大火烧光了我们的试验成果，也烧光了我们以往的错误和偏见，现在，让我们重新开始吧！"

总结古往今来的成功经验，人们早已发现，成功者从不抱怨。就像故事中的爱迪生，所有实验设备毁于一旦，他仍然看到了光明的一面：大火烧掉了旧的东西，他可以借机抛除一些旧观念，让一切重新开始，也许他能趁此机会得到更多的灵感和成就。当一个人有理由抱怨，却把抱怨的时间用来埋头苦干时，他离成功还会远吗？

与此相反，抱怨的人很难成功，他们很少从自己的身上寻找失败的原因，仿佛他们的不幸从不是因为他们自身的问题，所有错误都来自外界，来自他人。出了问题，他们总能把责任推给同事，甚至推给天气。他们习惯盯着生活的阴暗面，看不到光明的那一面。当其他人为理想而努力时，他们却将时间浪费在抱怨上，于是影响自己的心情和效率，不能得到好的业绩，然后这又会成为他们抱怨的理由。这种抱怨是一种恶性循环，一旦陷入，很难挣脱，它的结局只有失败。

早晨，王小姐买好早餐，急匆匆奔向公车站，发现一辆公车刚刚开走，她抱怨自己为什么不早一分钟起床，或者干脆不买早餐。就差一分钟，她错过了公车。

这时，下一辆车来了，由于刚刚的车带走了大部分乘客，这一辆车里没有多少人，王小姐坐在座位上，突然觉得没有坐那辆车是件幸运的事。如果刚才赶上那辆车，那么此刻的她在拥挤的人流中站都站不稳，更别提悠闲地坐在座位上看窗外的风景了。

人生的班车不止一辆，错过了这一班，下一班也许会更好。如果拆开"错过"这个词，也许会对过去有不同的理解。"错"是错误，"过"是过去，错误过去了，对的就会出现。我们常常在觉得自己倒霉后，突然得到一些惊喜，其实倒霉与惊喜都是常态，不同的是我们的心情，如果能够保持心境的平稳，倒霉不再是倒霉，惊喜变成更大的惊喜，我们的生活也会因此更加幸福。

约瑟夫是一位德国农民，他的父亲、祖父、曾祖父都靠种植香蕉为生。他二十三岁那年，已经是一个有经验的农夫了。

有一天，他开车去城里送货，撞上了另外一辆卡车，失去了双腿。经过一个时期的消沉，他开始发愤图强，借钱开了一家小型的香蕉加工工厂，做一些香蕉食品。十几年后，他成了富甲一方的大老板，他的朋友对他说："我真不能想象，假设你没有失去双腿，你能做到什么地步，是不是会占领全国的香蕉市场？"

约瑟夫说:"如果我没有失去双腿,现在的我也许正在地里教导我的儿子如何种植香蕉。要相信上帝是公平的,他给了你磨难,同时也给了你战胜困难的勇气。"

如果抱怨能解决问题,约瑟夫大可以整天抱怨,抱怨老天不公平,抱怨他从此不能行走、不能干活、失去了生计来源,但他选择了证明自己。成功的约瑟夫清楚地知道:有时候不幸反而是一种机遇。

没有不公的命运,只有不平的心。当你的心中存着怨恨,存着计较,又怎么能有闲暇体会命运给你的恩惠?就像一个人在大雨中咒骂自己忘记带雨伞,雨停了,街上的人都在看天空中美丽的彩虹,只有他还在愤愤不平,不肯对美景看上一眼,这究竟是谁的遗憾?

成功者从不抱怨,抱怨者很难成功。当一个人的心中被抱怨占据,他的所有时间精力都停留在自己的不幸上,没有心力去做其他的事,他似乎甘于一直做一个倒霉的角色,不断用言语宣泄自己的不满。只有那些敢于直面生活的不如意,敢于承担也敢于突破困难的人,才能敲开成功的大门,他们是生活的智者,心灵的勇士。

❼

这倒霉的生活，期限没有想象中那么长

一只就快饿死的老鼠经过长途跋涉，终于找到一个粮仓，它想捡点袋子里露出的豆子，没想到一只猫从天而降，老鼠好不容易才逃得性命，它哭泣着对神祈祷："当老鼠是一件多么可怜的事，我已经饿了整整三天了，好不容易看到一粒豆子，还被猫阻挠。当猫多好，不但可以抓老鼠，还有主人喂鱼，请把我变成一只猫吧。"

神怜悯老鼠，真的把它变成了一只猫，可是老鼠发现，猫也有猫的难处，它整天都被街上的流浪狗欺负，于是它又要求变成一只狗。可是狗总是被村子外的豺狼恐吓，最后老鼠说："请把我变成最强大的大象，这样我就再也不会被欺负了！"

神答应了它的要求，老鼠以为从此就能过上无忧无虑的日子，却发现大象身材笨重，行动迟缓，整天吃不饱，要拖着巨大的身体到处找食物。这一天，它的鼻子说不出的难受，打了半天喷嚏，才从鼻子里钻出一只小老鼠。

"原来，一只大象竟然会被小老鼠弄的寝食难安！"老鼠感叹，它要求神把自己变回老鼠的模样，从此再也不抱怨了。

小老鼠变了一圈后终于懂得：原来所有动物都有倒霉的时候，还不

如各从其类，当好一只小老鼠，倒也逍遥快活。由此可见，任何事物有优点就会有缺陷，没有人能一直幸运，当然，也没有人会一直倒霉。

决定一个人是否倒霉，有时仅仅在于这个人的心态。一位老板对他的两个员工说："你们的工作做得不错，如果在做好这个项目的同时，完成了另一个项目，我会更高兴。"两位员工的反应截然不同，一个认为自己的工作完成得不错，一直以来的努力得到了承认；另一个则盯着没完成的项目，认为自己能力不够。前者欢欣鼓舞，认为自己即将有升职的机会，更加努力表现；后者唉声叹气，害怕自己丢掉饭碗，工作起来无精打采。如果你是老板会更欣赏哪一个？答案不言而喻，这就是积极与消极的区别。

有时候，烦恼和痛苦只在一念之间。面对事情，特别是面对烦恼，抱怨"我怎么这么倒霉"，和说着"还好，我不是最倒霉的"，是截然不同的两类人，前者容易把困难想复杂，给自己增加无谓的心理压力，导致自己的应变能力降低，成为一个真正的倒霉蛋；后者则能够看轻痛苦，以最轻松的心情面对生活，保持乐观的态度战胜困难。很明显，后一类人更容易得到快乐和满足。

忙碌了一天的小丽从下班前十分钟就开始惦记晚上的晚餐。昨天是周日，因为孩子生病，她没有去超市买这一周需要的菜，像小丽这种把加班当成家常便饭的人，在周日准备好一周的蔬菜肉类是必需的。小丽想着如果今天能按时下班，一定第一时间冲进超市。

没想到刚一下班，天就下起一场大雨。小丽没带雨伞，只好把外套盖在头上去赶公车。在拥挤的车上，小丽忍不住心酸，想起自己至今还是个小职员，拿着可怜的薪水，结婚三年老公有了外遇，离婚后自己辛辛苦苦带着孩子，如今连想要早点去买菜都会遇到一场大雨，回家没准儿还要感冒。

车停了，小丽向超市跑去，突然看到身边有个人一样没打伞，却悠闲地走在雨中，小丽提醒："你怎么还不快点跑？"那个人说："我为什么要跑？我在看雨景。"

小丽突然发现，原来雨已经不知不觉小了，即使没有伞也不会把人淋湿，打在脸上只有一点点雨丝，很清凉，而雨中的城市有种宁静温和的美，原来雨景是那么美！那么人生是不是也一样呢？小丽放慢了脚步，第一次觉得，原来雨中散步，在超市中悠闲地选购物品，都可以是幸福的事。

人生难免有起起伏伏，难道就要否认其中的美好、一直沉浸在抑郁的情绪中？静下心来的小丽发现，生活中的小事，比如突然下起的一场雨，既可以带来烦恼，又可以使人幸福。

开车的人大多有过一路红灯的经验，大城市的交通出奇拥挤，你又在赶时间，偏偏前面路口一盏红灯，再前面的路口又是一盏红灯。人生道路上，烦恼就像一盏盏红灯，预示此路要等等才能通过。红灯的确让人心烦，一连串的红灯更是让人觉得倒霉透顶。不过交通就是如此，有绿灯就会有红灯。人生也是一样，有幸运就会有不幸。倒霉的时候，不妨告诉自己：运气守恒，没有人会一直倒霉。

请始终相信，几盏红灯之后，一定能一路畅通无阻。

8

抓住每一个可以享受快乐的机会

一支商队行走在沙漠中,他们迷了路,背包里的食物越来越少。他们只剩一只骆驼了,它驮着沉重的行李,艰难地迈着步子。

商队里的一个年轻人突然晃了几下,差点跌倒在沙子上。其他人围了上去,发现他面色潮红,呼吸急促,似乎马上就要晕倒。

"他中暑了!"一个商人叫道。大家七手八脚解下年轻人的背包,压在骆驼身上。给青年人喂水扇风,忙了一阵子,青年人有了好转。突然,那只骆驼摇晃了几下,也倒在沙子上,发出巨大的声响。人们连忙上前去看骆驼,惊讶地发现,骆驼竟然被脊背上的货物压死了!

"刚才它还能行走,只不过多了一个背包……"一位商人不解。

"骆驼的承受能力已经到了极限,即使压上一根稻草,它也会死。"另一个人回答。

一只载重的骆驼竟然被一个背包压死,压死它的并不是最后那个背包,而是长久以来的重负,只要再增加一点,哪怕仅仅是一根稻草,它都会再也支撑不住,倒地身亡。

我们的心灵也像这只不停跋涉的骆驼,它已经走过了漫长的路,步履蹒跚,如果把悲伤、失望、抑郁这些情绪长久压在上面,它渐渐就会透不过气。表面上，我们能够维持正常的生活，甚至能够以笑脸迎人，但内心的压迫越来越重，这时候只要再有一点点不如意，哪怕是一件微不足道的小事，都可以让我们心理失衡，由悲伤变为暴躁，由失望变为绝望，由抑郁变为歇斯底里，就像又压了一根稻草的骆驼一样，完全不能控制自己了。

心灵的健康需要时时呵护，特别是那些容易计较的人，他们的生活往往不如意，所以总是念叨过去的自己如何优秀，曾经有怎样的机会，他们总会说"如果……""如果……"。这些念叨当然不会有什么结果，他们也只能在自己的空想中越走越远，为那些从来没存在或已经不见的东西伤心不已，他们看什么都是消极的，即使出现一个机会，他们也不会看作救命稻草，而是看作一根压死自己的稻草。

尽管我们身边有许多亲人朋友，我们困难时，他们愿意向我们伸出双手，我们难过时，他们愿意尽量为我们排解忧郁，但能够拯救心灵的，始终是我们自己。因为失去就是失去，不快就是不快，别人的话说得再多，并不能满足我们的心灵，如果自己想不开，再多的关心也只是徒增负担。我们必须时刻注意自己的内心世界，问问它究竟累不累，是不是装得太满，是不是需要休息和放松。我们也要随时将心灵打开一扇大门，让它吹吹清风，晒晒阳光。

汤姆先生有一个花园，年老后他行动不便，很难自己打理，只好请来镇上的花匠。他失望地发现，花匠只有一条胳膊，这样的花匠怎么干活？出于同情，汤姆先生决定不论花匠能不能完成任务，他都会按价付钱。

但没想到，花匠把院子里的灌木修剪得整齐美丽，树木的除虫工作也做得很好，花枝的修剪更让汤姆先生赞不绝口。临走的时候，花匠对坐在轮椅上的汤姆先生说："我耽误了您很多时间，本来一小时可以完成的事，我却做了一个半小时，我想要给你打八折作为补偿。"聪明的汤姆先生说："您不必因为我是一个行动不便的独居的老人就同情我，不过我很感谢你，自从我病倒后，很久没有这么畅快的心情了。看到您我才知道，什么样的生活都可以很美好。"

花匠用一只胳膊把顾客的花园布置得那么美丽，还能同情行动不便的顾客，主动要求打折扣。在这样强大的生命面前，顾客汤姆先生感激不已，他感激的不是花匠为自己付出劳动，而是在花匠身上，他看到了生活的希望。

疾病和衰老都会造成人的痛苦，特别是没有希望康复的时候，健康成了回忆，只能独自忍受病痛。如何才能好好地生活下去？只有面对现实，承受痛苦，然后为自己寻找快乐的机会。这个时候，任何小事也可以成为稻草——稻草既可以是致命的，也可以是救命的。在失望的人眼中，它们管不了任何事；在怀有希望的人眼中，这无疑是一种平安的信号。每一件事都可能是心灵的稻草，所以，对待生活中的任何事，都要有积极的心态，不要错过每一次享受快乐的机会。

用正面的心理暗示赶走坏情绪

彼得尔教授正在做实验,他拿着一个玻璃瓶对学生说:"瓶子里的气体有异味。现在要测量这种气体在空气中的传播速度,打开瓶盖后,谁闻到了这种异味,请举手。"

说完,彼得尔教授打开瓶盖,脸上马上露出很难受的表情,表示他闻到了这种异味。同时他看表计时,15秒后,前排的同学举起了手。1分钟后,大部分的同学都举起了手。然而,玻璃瓶里并没有异味的气体,只是普通的空气而已。

这就是心理暗示在"作怪"。心理暗示能干扰人的心理,进而影响人的行为。所以,当我们情绪不好时,如果能给自己正面的心理暗示,就会赶走我们负面的情绪,给我们一种积极的正能量。比如,可以对自己说:"好了,这事过去了,不要再纠结了。"或者:"别看不起自己,我相信你能做到的!"

如果你试过,你就会发现,这样的心理暗示很管用,坏情绪真的在它的作用下不见了。

小张是一名打字员,她的工作非常乏味无聊。有一天老板让她打一份曾经打过的文件，她不耐烦地说："改一改就行了，不一定非要重打。"

老板沉着脸说："如果你不爱干可以立刻走人，我可以找到爱干的人！"

小张听到经理威胁她，非常生气，但是她转念一想："人家说得也对，人家给我发工资，自然是叫你干什么，你就要干什么。找份工作不容易，还是好好干吧。"

从那天开始，她对工作的讨厌情绪似乎少了很多，她开始有点喜欢这份工作了。每天上班前，她都在心里对自己说："我很喜欢这份工作的，一定要好好干！"

她不断地对自己这样说，没过多长时间，她发现真的找到这个工作的乐趣了，工作效率也提高了一半。

其实，小张对自己说的话，就是一种积极的心理暗示，这种积极的心理暗示赶走了她在工作中的负面情绪。

所谓心理暗示，就是通过语言、行动、表情或某种特殊符号，对自己或他人的心理和行为做出肯定或否定，从而对自己和他人的心理或行为产生影响。暗示只要求对方接受一些现成的信息，暗示不需要讲道理，而是给予直接的提示。

一个人的意识就像一块肥沃的土地，如果不在上面播下良好的种子，它就会野草丛生，一片荒芜。积极的自我暗示就是在自己的意识里播撒成功的种子。

有一所学校，为刚入学的学生做智力测试，根据智力测验的结果，学校将学生分为优秀班和普通班。结果有一次在例行检查时发现，分班的情况弄错了。原来，一年前，因为某种失误，他们将刚入学的这批学生的测验结果颠倒了，本该是优秀班的孩子进了普通班，而本该是普通班的孩子却在优秀班。

但是结果是什么呢？如同往年一样，优秀班的学习成绩明显高于普通班。原本普通的孩子被当作优等生关注，他们自己也就认为自己是优秀的，额外的关注加上心理暗示使得丑小鸭真的成了白天鹅。而那些智商本来很高的孩子因为被分到普通班，就有了"自己很普通"的心理暗示，因此学习成绩就受到了影响。

从这个故事可以看出心理暗示对人的情绪的巨大影响。不但现代人能利用心理暗示调控自己的情绪，古人很早就知道利用心理暗示。

有一次，曹操带兵走在路上，当时天气炎热，官兵们又累又渴，偏偏沿途找不到一口水喝。于是曹操就对大家说："前面山上有一片梅林，大家马上可以去吃梅子了。"

士兵们一听到曹操说梅子，就不由自主大量分泌唾液，干渴暂时得到缓解了。就靠着这一点口水，大家终于找到了水源！

在这里，曹操就是不自觉地利用了心理暗示效应。士兵们因为饥渴而产生的焦躁情绪，也因受到暗示而得到缓解。

我们听到的每一句话都会沉淀在心里，甚至深入潜意识，也就是说我们听到的每一句话，都具有神奇的暗示力量。所以，当我们陷于消极不良的情绪中难以自拔的时候，可以用积极的自我暗示来改变自己的情绪。

根据暗示的对象不同，我们可以通过自我暗示和暗示他人来改变自己或他人的情绪。

自我暗示

自我暗示是依靠思想、语言，自己向自己发出刺激，以影响自己的情绪、情感和意志。自信心、自我激励就是一种自我暗示。

例如，当我们遇到恐惧的事情时，我们会这样自我暗示："别害怕，这点事没什么好恐惧的。"当遇到困难时，会这样自我暗示："要对自己有信心，一定能挺过去的。"

如果我们善于利用这样积极的自我暗示，那么所有的负面情绪都会在顷刻消失不见。

暗示他人

除了利用自我暗示调节自己的情绪，我们还可以用心理暗示调节他人的情绪。例如，有经验的老师总是对学生说："只要努力，你就是有希望的。"医生诊断病人后总是先说："你放心，没什么大问题。"

所以，在他人情绪不好的时候，学会给对方积极的暗示，就会改善他的负面情绪，给他送去一份正能量！

用"转折"句进行心理暗示

任何事物都有其两面性，在进行心理暗示时，可以用转折的方式让自己的情绪由坏转好。例如，"虽然失去了一段感情，但是，自己了解了什么是感情。""虽然失去了这次升迁的机会，但是却看到了自己的不足。""虽然摔了一跤,但是从中汲取到了教训。"

在负面情绪来临时,用"虽然……但是……"来开导自己,让情绪转个弯,坏情绪也可以由坏变好。

⑩

尝试心理补偿，失意的事用得意的事来弥补

什么是心理补偿？很简单。小时候我们摔了一跤，疼得号啕大哭，妈妈过来了，递给我们一颗糖，对我们说："别哭了，给你吃糖。"于是我们停止了哭声；长大了，有一天我们走在街上，钱包被偷了，正自顾郁闷时，朋友打来电话："在哪儿呢？请你吃饭。"于是我们的郁闷情绪消失了一大半。

所以说，心理补偿就是失意的事情用得意的事情来弥补，让得意带来的好情绪代替自己的坏情绪，以求得一种心理平衡。

心理学家认为，人类的心理有这样的特点：当一种愿望无法得到满足的时候，人们会用其他愿望来代替它。也就是说，当需求受阻或者遭到挫折的时候，可以用满足另一种需求来进行补偿。这在心理学上叫作心理代偿。

小韩在一个工厂上班，他兢兢业业、任劳任怨地工作，成了厂里的能人标兵。可是几年过去了，他却一直也没有得到提升。他为此感到很郁闷，可是又没有别的办法，于是逐渐变得郁郁寡欢，有时还因为一点小事对同事发脾气。

但是这个时候，他交了个女朋友，女朋友甜美可人，对他是百依百

顺,很快他们就谈及了婚嫁。这件事让小韩因工作不顺带来的郁闷情绪一扫而光,他想:"虽然职场失意,但情场得意,也是一种安慰。"

小韩的故事就是一种心理补偿。可见,用心理补偿的方法能很快、很好地调节自己的坏情绪。因此,在我们失意的时候要多想一些让自己得意的事情,会很快转化自己的坏情绪。

具体我们可以从以下四个方面来对自己进行心理补偿:

宽慰补偿法

宽慰补偿法就是用安慰的语言来补偿心中的不满,达到心态平衡。如运用一些格言、谚语对他人进行安慰。

当他人总是不满足时,我们可以对对方说:"知足者常乐。"

当我们上了别人的当时,我们可以这么安慰自己:"吃亏是福。"

当他人失败时,我们可以这么说:"失败是成功之母!""塞翁失马,焉知非福!""胜败乃兵家常事!"

这些格言和谚语都可以让自己的心理得到一种平衡,对自己的情绪也有一种缓解作用。

物质补偿法

物质补偿法就是用得到某种物质来补偿自己心中的失意。例如,一个小孩丢了一个积木,妈妈买了一把手枪给他,他在心里就觉得这是一种补偿,因而不会再对那个丢失了的积木念念不忘、伤心难过了。

我们也可以自己对自己实施物质补偿。例如,在工作中失去了升迁的机会,我们何不给自己买一件漂亮的衣服呢?让这个得到弥补另一方面的失落。

引导补偿法

引导补偿法就是用自己的经历，影响对方的思维，从而将他人从失意的情绪中解脱出来。

例如，朋友辞了工作，过了好长时间没找到工作，心里不免着急焦虑，这时，你不妨这样对朋友说："别太着急了，我去年辞了工作后，整整三个月都找不到工作，你这才半个月，根本不用着急，慢慢找。"朋友听了你的话，就会觉得自己的经历不算惨，于是就不会太难受了。

也可以用自己比较庆幸的事情来引导对方走出坏情绪。例如，朋友和男朋友吵架了，很想提出分手，但又下不了决心，于是心里很纠结。你就可以这样帮朋友走出纠结的心情："我和我老公谈恋爱时也曾吵架闹分手，但是我们进行了冷处理，几个月后我们又重新走到了一起。现在回想起来，幸亏那时没提分手，不然就失去对方了。因此，你也不要急着做决定，等自己想清楚了再说。"

用自己的经历帮他人走出坏情绪非常具有说服力，能让对方尽快从坏情绪中得到解脱。

精神补偿法

精神补偿法只是一种象征性的补偿，有点像阿Q精神。比如，不小心被偷被抢，损失惨重，不妨安慰自己说"破财免灾"；自己的爱人相貌平平，不妨换个角度去想，如"相貌平凡的女人才贤惠"；面对丈夫的木讷寡言，不妨想想"如此最有安全感"；刚买了一件衣服，回家后才发现价格太贵，颜色也不怎么喜欢，但不妨告诉自己和朋友："这是今年最流行的款式。"

这种精神补偿法，如果运用得当，可以帮助我们化解对于不平等引起的怨气，消除心理紧张、缓和心理气氛。但要注意的是，千万不能运用过度，否则便会产生消极懒惰的情绪，妨碍我们去追求真正需要的东西。

总之，要想让自己的坏情绪在瞬间得到转化，我们就不能"在一棵树上吊死"，抱着坏情绪不放。而是要想一想：虽然这个愿望没满足，但是其他的愿望满足了；虽然失去了这样东西，但得到了另一样东西。这样，可以使我们很快忘记原来的失落，迅速走出坏情绪！

第七章

将人生的每段过去整理，或妥协安放，或从容遗忘

回忆过去，难免有切肤的伤痛和难忘的遗憾，那些不能拥有的东西一再出现在梦中，让人无法平静。如同旧的衣物用品一样，旧的回忆同样需要整理，将美好留存，将失意放手，如此，过去将不再是纷繁干扰，去更轻松地踏上生命下一段远行。

❶
记忆空间有限，留存快乐，忘却烦恼

记忆盛不下太多的往事，一路走来，我们注定要忘记许多人与事。学会忘记是"去粗取精"，只有忘记那些应该忘记的，需要牢记的才会在心中留存。上天赐给我们最宝贵的礼物之一，便是"遗忘"。人生的路上，并非都是良辰美景、风花雪月，有时还会遇到各种各样的不幸和打击，这时，我们就要学会选择性地进行遗忘。

很多时候，我们要学会选择遗忘。因为，不要让记忆中那些悲伤的曾经，在不经意的触碰中又赤裸裸地显露出来，那从未真正愈合的伤口，就会因此涌出滚烫的血液。那种殷红，触目惊心！而心会更疼！遗忘，便是最好的方法了。

遗忘，并不是逃避，而是给予受伤的心的另一种安慰；遗忘，并不是自欺欺人，而是抚平伤口的另一种方式；遗忘，对于我们而言，或许，并不是一件坏事。遗忘在困难时的懦弱，用坚强与执着换来洋溢着成功的笑脸；遗忘与朋友的矛盾，我们并肩作战，实现彼此最初的梦想；遗忘对自己的怀疑，便可乘着自信的风帆远航；遗忘从前的种种不悦，让我们以朝气蓬勃的姿态重新出发；遗忘曾经的得意扬扬，用一丝不苟赢得更热烈的掌声！就算没有明天，就算前方还是黑暗，可是如果心间温暖，便也不会害怕。所以，我们要学会选择遗忘。遗忘悲伤，将那些温暖的记忆留于心中，温暖于心。

昨天的快乐不会使今天快乐，因为快乐容易挥发；昨天的痛苦会使今天更痛苦，因为痛苦容易凝固。可是，过去的已经过去，我们只有遗忘，忘却心中的苦闷与烦恼，期待未来，才能勇敢地迈开脚步前进。

有一个天使很热心、很善良，他时常到凡间去帮助人，希望能够让更多的人感受到幸福和快乐的味道。

一天，天使遇到一位诗人。他的妻子温柔美丽，儿子活泼可爱，还有一群热情善良的朋友，但是他却总是愁眉不展，唉声叹气，看起来十分不快乐。

天使走上前，问他："你看起来十分不快乐，我能够帮助你吗？"

诗人对天使说道："我什么都有，但是只欠一件东西，你能够满足我的愿望吗？"

天使回答说："可以，你缺少什么呢？"

"我缺少的是快乐！我的儿子太调皮很不听话，天天把我闹得心神不宁；我的妻子尽管温柔，但是我们没有共同的话题，每天也说不上几句话；我的朋友们更是烦人，有事没事天天都来家里拜访，打扰到了我的生活……"

妻子、儿子、朋友都不能让他感到快乐，这下子可把天使难倒了。天使想了想，说："我明白了，好吧，我满足你的愿望。"然后，他将诗人周围的所有人都带走了，只剩下诗人孤零零地一个人生活在人间。

一开始，诗人还很高兴。但没过几天，他意识到没有了儿子的欢闹、妻子对他的体贴、朋友时常对他的鼓励，生活顿时变得凄凉无比，他才知道原来自己的生活是多么幸福。他后悔莫及，觉得自己活在世界上已经没有任何意义了，便准备死去。

正在这时，天使又来到诗人的身边，并将他的儿子、妻子和朋友又还给了他。诗人抱着儿子，搂着妻子，站在朋友们中间，他满脸笑容，不停地向天使道谢，因为他现在得到真正的快乐了。

其实，我们在生活中得不到幸福，是因为我们不懂得珍惜当下我们所拥有的。我们总是想着前方有"天堂"，或者想着未来有更好的东西，于是忽视了当下所拥有的。殊不知，你本身所拥有的东西正是你能够真正把握住的，只有认认真真地享受当下所拥有的，才能够算得上是真正的幸福。

古人云："天下本无事，庸人自扰之。"细细想来，还真是这么个理儿。人生不如意之事十之八九，遇到不顺心、对自己生活无益的人和事，能够学会遗忘，放下思想的包袱，把心放宽，何乐而不为？人生路漫漫，让我们多留些快乐的记忆给自己，所以，让我们学会忘记那些不快，记住那些快乐时光，我们的生活中也就自然会充满阳光。

学会忘却，也就学会了宽恕别人，同时也解救了自己。人生短短几十年，何苦撑得那么疲累，何不学着把该忘的都忘了？无论多么风光或多么糟糕的事情，一天之后，便会成为过去，所以，何必太在乎呢？

❷
忘记那些离去的人并不是一种背叛

唐莉的姐姐唐晴去年因为车祸去世，唐家姐妹年龄只差一岁，二人从小感情就特别好，从小学到大学，她们读的都是同一个学校，整天形影不离，即使各自交了男朋友，没事也要凑在一起谈天说地。突然失去姐姐，对唐莉的打击可想而知。

有段时间，唐莉不停地对身边的人说起自己的姐姐，说起她们之间的姐妹感情，说自己如何伤心如何痛苦。直到有一天，母亲对她说："看到你这样，我就像是看到你姐姐又死了一次。"唐莉突然意识到，自己的行为不但反复地伤害自己，也刺激着身边的人。死者已矣，活着的人理应好好生活。

亲人离世给人的打击是巨大的，与我们血脉相连的人从此不能在这个世界上和我们一起生活，陪伴我们成长的人不能陪伴我们今后的道路，对于我们来说，这是莫大的遗憾和悲伤。不止是亲人，朋友去世也有同样的影响。民间故事中，俞伯牙为钟子期终身不再弹琴，就是因为失去知音，弹琴再也没有意义。还有曾经给予我们帮助的师长、同甘共苦过的同事、曾经有恩于自己的恩人，当然还有曾与自己朝夕相处的爱人……死亡总是出其不意地带走我们在乎的人，留下难以平复的遗憾和思念。我们很难接受这样的事实，就选择悲观逃避，甚至一蹶不振，恨不得一切都是假的。

从生到死是自然界的规律，每个人都要面对失去。当珍视的花朵在自己眼前凋零，眼泪并不能令它重生，只有在心中默默记住它的美丽。死去的人倘若能够说话，他们最希望的是活着的人代替他们更好地生活，完成他们来不及做的事。悲伤是真情，坚强也同样是真情。死者已矣，不要因过去的失去增加今天的遗憾。很多事等待着你去做，你的人生还在继续。从这个意义上讲，忘记并不等于背叛。

一位王子即将登基，他的老师对他说了这样一番话：

"很快，你就会成为这个国家的国王，为你自己争得光荣，给你的臣民带来幸福，你还会带领军队和入侵者交战，保卫国家、取得胜利，但是，你一定要记得，一切都会成为过去，只有牢记这一点，你才能成为一个幸福的人。"

王子还很年轻，不能理解老师说的话，但他的确如老师所说，成了一个励精图治的国王，他的国家越来越强大。没想到，十几年后，他的王位被亲信大臣篡夺。在军队的追捕下，他好不容易逃得性命，前往邻国请求帮助。他化装成乞丐躲避搜寻，当他吃不饱穿不暖的时候，想起自己在皇宫里的锦衣玉食，这次他终于明白了老师说的话："一切都会成为过去。"

既然幸福可以成为过去，伤痛也一样。这样想着，国王振作起来，靠着邻国军队的帮助，他重新夺回了自己的王位。

时光流逝，一切都会成为过去。人们喜欢回忆昨天，童年时总有开心的回忆，年轻时的爱情让人心动不已，年轻时的干劲让人热血沸腾，这些似乎已经都成为过去。但过去真的有那么好吗？童年时我们也会哭泣，年少时我们不懂珍惜爱情，年轻时我们不懂深思熟虑，过去有好有坏，不论想着好的还是坏的，都无法改变，一味留恋就是扼杀了未来的机会。

过去留给我们的只有回忆，这回忆或好或坏，或悲或喜，都是我们生命中的珍贵财富，值得我们回味。但一味留恋过去，就会阻止我们前进的脚步，让我们的心灵得不到安宁，因为过去无法追回，一遍一遍的回忆只能让今日的灵魂承担双倍的重量。所以，我们不能长久地沉浸在过去，我们必须睁开双眼看向前方。明天总有新的开始、新的希望，暂时遗忘过去，才能换回平静安宁的心灵，将更多更好的东西放进去，丰富自己的生命。放下属于过去的悲伤和困扰，只要你愿意，未来会更加美好。

3

昨天的伤口不应该影响当下的日子

宋大爷做完外科手术后,伤口时不时疼痛,他整天闷闷不乐,不想出去散步,也不想多吃饭。几个儿女孝顺,为了让父亲开心,轮流来家里照顾老人,可是老人依然愁眉不展。

一次,大女儿做了一桌好菜,宋大爷只吃了几口,就不再动手。女儿问:"爸,菜不好吃吗?你怎么不吃了?"宋大爷愁眉苦脸地说:"我的伤口还在疼,哪有心情吃饭。"女儿说:"伤口就算疼也不能不吃饭,不吃饭的话,伤口不容易愈合,会疼更长时间。"

身体上有伤口不能当作借口,以此自暴自弃,正因为身上有伤,才更要好好照顾自己,为了早日康复,要尽快让自己恢复正常的饮食,保证充足的休息,保有开朗的心情。如果整天担心伤口不能痊愈,担心疾病恶化,负面情绪会一直左右着自己,影响到治疗的效果。不能积极治疗的人会增加更多的病痛,这是一件得不偿失的事。

心灵上的伤口也是如此。肉体上的伤口容易愈合,心灵上的伤口需要加倍呵护。正因为心情不好,才更要告诉自己快乐一下,为了早日走出阴影,要鼓励自己正常工作、正常娱乐,保持向前的目光,如果整天患得患失,只会产生迷茫的情绪,影响今后的发展。

有些人喜欢夸大自己的伤口，也许他们希望别人怜悯自己，也许他们想要宣泄压力，他们把自己的伤痛扩大，告诉别人也告诉自己，仿佛那些伤口再也没办法愈合了。事实上，影响愈合的正是这种留恋伤口的行为，他们忘不了伤口，也不愿意忽略，宁可把疼痛当作生活的重心，也不寻找方法做一次"伤痛转移"。其实，伤口留下的不过是一道疤，看似严重，早已不碍事，只有对它们念念不忘的人才会一次一次受到伤害。

童丽是个美丽的女孩，自幼学习舞蹈的她凭借自己姣好的容貌和出色的舞艺考取了一所知名的舞蹈学院，并且多次在专业比赛中夺取奖项。长久以来的努力得到了大家的认可，童丽觉得十分的满足。可好景不长，一场交通意外摧毁了这个美丽女孩所有的梦想。这场事故夺去了童丽的双腿。一个舞者失去了支撑她站在舞台上的唯一凭借，这对于她来讲简直像是天塌了一样。

从昏迷中醒来的童丽发疯似的拍打着自己失去知觉的双腿，泪水奔涌而出。从那天起，童丽再没笑过。她总是坐在窗边，愣愣地看着窗外的天空，眼睛里一片灰暗。周围的亲友看到童丽的状况很是着急，多次劝她出去透透气，希望她能够尽快走出人生的低谷。可不论大家怎样说，童丽总是摇摇头，继续望向窗外的天空。

就在大家束手无措的时候，童丽却在一天下午主动要求妈妈带她去她家前面的一块小空地去。童丽的妈妈觉得很奇怪，却不敢不听女儿的，到了那里才发现在这块空地上有一个十几岁的女孩正在很努力地练习着一段舞蹈，由于缺乏指导，舞步显得有些凌乱。

"挺起胸，左脚踩稳，脚步要轻盈……"童丽情不自禁地指导起那女孩来。自那天起，童丽每天都要在那个时间来到那块小空地指导女孩跳舞。

随着女孩舞艺渐渐成熟，童丽的脸上也有了越来越多的笑容。她发现即使不能够站在舞台上，她一样可以投身于自己热爱的舞蹈事业。不论是台前还是幕后，她都可以将自己所有的情感倾注在这翩翩的舞步之中。后来她开始指导一些孩子跳舞，并在几年之后成立了一所舞蹈学校。经过她的培养，这个舞蹈学校涌现出了好多舞蹈界的佼佼者。

车祸夺走了童丽的双腿，却夺不走童丽心中飘逸的舞步。不要将自己困锁在失败和挫折之中，没有双腿，灵魂也一样可以快乐地起舞。假如眼睛里只看得到失败的灰暗，那么拥有双腿也不能在舞台上转出优美的弧度。

一个优秀的舞蹈家失去双腿，童丽的遭遇让人惋惜不已。童丽失去了人生的理想，眼睛里一片灰暗。直到有一天，她开始指导一个在空地跳舞的小女孩，再后来她开办了一个舞蹈学校。失去舞台的童丽找到了另一个舞台，在这个舞台上，她同样美丽，同样精彩。

在人的一生中，比死亡、衰老、疾病更惨重的打击就是失去理想。理想是人们的人生意义所在，为了理想，人们甘愿忍受一切痛苦，如果失去了实现理想的机会，那么一切苦难都变得难以忍受。伟大的音乐家贝多芬丧失了部分听觉，严重的时候甚至听不到任何声音，一个靠创造美丽声音的人听不到声音，这是多么大的打击呀！贝多芬消沉过、绝望过，甚至写下了遗嘱。最后他还是决定在原地上站起来，靠着坚强的毅力继续他的创造。

失去并不等于一无所有，人不应该只有一个理想，当原来的那个无法实现，就要寻找下一个，这才是生命的意义所在。昨日的理想不能挽回，明日的理想还未建立，我们需要做的是留心观察，仔细寻找，总会有事情唤起你曾经的激情，让你重新奋发。

④

敢于放弃是一种勇气，善于放弃是一种智慧

壁虎妈妈正在给壁虎讲它们祖先的故事，在世界上还没有人类的时候，动物们占据着森林草地，每只动物都要为生存努力。

壁虎的祖先也是这样的动物，它身子不大，有爬上爬下的本领，同时也有很多天敌。这一天，它被一只猫踩住尾巴，眼看就要丧命。壁虎拼命挣扎，猫狞笑说："今天你就是我的午餐，别挣扎了，再挣尾巴就要断了。"

壁虎绝望了，它想，一只断了尾巴的壁虎是无法活下去的，但出于求生本能，它还是用力一挣，尾巴真的断在猫的爪子下。趁这个机会，壁虎忍住剧痛逃走了。

"我就要死了，我失去尾巴，马上就会流血身亡。"壁虎这样想。可是，一天过去了，两天过去了，壁虎什么事也没有。又过了一段时间，它发现自己长出了新的尾巴。

"知道吗？在危险的时候，舍弃才是生存的唯一方法！"壁虎妈妈对小壁虎说。

在自然界，壁虎是一种体积小、很容易被吞噬的动物。当它们面对强大的敌人，唯一的自保方法是在被抓到时，主动挣断自己的尾巴，靠

自己灵活的动作赶快逃命，以此获得生存的机会。观察壁虎，我们能够得到一种关于生存的智慧：尾巴会再长出来，生命只有一次，不能因为一时的疼痛就放弃生命，所以，敢于放弃是一种勇气。

在人生道路上，我们不断得到一些东西，有些很珍贵，有些是累赘。因为舍不得放手，我们把它们背在肩上，因此脚步越来越沉重，错过了很多机会，也损失了很多时间。我们没勇气放下这些东西，因为害怕放下就再也找不回来，所以勉强自己，让自己越来越累。殊不知，经过漫长的时间，所有东西都成了负担，成了阻碍。新的事物不断出现，你却没有力气去拿到，即使拿到，承重能力有限，也不能加在自己身上，这就是过分恋旧的遗憾。

人生应该维持一种"新旧平衡"，保留旧日的好习惯、好经验、好生活是重要的，但一定要记得生活总是不断向前走，当更加有用的事物出现，你要保证自己有空间容纳它，有头脑接受它，而不是抱着旧事物不松手。古董虽然值钱，但一个屋子摆满古董，没有任何新时代的发明，难免让人觉得死气沉沉。如果旧事物与新事物安排得当，既能让人看到深厚的底蕴，又能让人焕发创新的精神。

淘金热盛行的时候，大量美国青年幻想一夜暴富，他们纷纷走向西部寻找金矿。约克也是其中一个。他和朋友们带着憧憬走向西部荒原。也许他们的路线出了问题，在他们前方，出现了一条大河。这条大河没有桥，也没有船只，最近的村庄也在几千米外。

约克和朋友们望河兴叹，一个朋友说："我听说只有极少数人才能淘到金子，我们也许会无功而返，这条河可能是上帝给我们的警示。不如我们现在就回家吧。"

几个朋友还在犹豫，约克突然说："这里虽然没有渡河工具，但要从这里去西部的人会越来越多，不如我们买几条渡船带他们过河吧。"朋友们认为约克的提议行得通，他们去遥远的村庄买来工具，亲自伐木造了渡船，每天送淘金客们到对岸。日复一日，淘金客乘兴而来，败兴而归，只有约克他们的生意越来越好，成了真正的富翁。

约克和朋友们带着淘金的梦想去了西部，一条大河挡住他们的去路。当有人提议淘金风险太大，不如立刻返回家乡时，约克却另辟蹊径，提出他们应该就地做渡河生意。后来的事情果然如约克所料，他们靠载人渡河生意成为富翁。试想一下，如果他们不肯舍弃当初的想法，最后可能在西部流浪，也可能在家乡默默无闻。所以，善于放弃是一种智慧。

据说很多作曲家都有类似的经历：他们正在谱曲，想到了一段非常美丽的旋律，却无论如何也不能放进手头的曲子里。想要完整的曲子就要放弃这一段美丽的旋律，但艺术家的灵感有限，放弃如此好的旋律又实在可惜。世界上没有那么多两全其美，我们经常面对两难的境地。很多时候我们就像这些作曲家，想要谱写壮丽的曲子，却必须放弃一段或几段美好的旋律。

有得必有失，面对选择的时候，我们需要放弃，想要得到轻松，就要放弃沉重。那些不能拥有的东西是我们最应该放弃的，得不到的未必最好，不必因为得不到而对它们恋恋不舍，前方一定会有更适合自己的那一份在等待。唯有如此，才能有一份从容的心态：感谢过去，即使我们不能拥有，却依然受益匪浅。

❺ 别让两个人的爱情里只存在一个人的执迷

在国外，有这样一个小女孩，她从小就喜欢住在同一楼上的一位作家。她认为这个男人英俊迷人，让她无法自拔。然而，男人是个风流的人，小女孩想不到如何才能独占这个比自己年长的男人，只能默默地暗恋。

后来，小女孩长大了，她曾经鼓起勇气和这个作家来往，哪怕仅仅是一夜情的关系，甚至还为作家生了一个孩子，但是，她一直没有将自己的爱情告诉作家，作家甚至不记得她的存在。临终前，她给作家写了一封信，详细地叙述了这么多年对作家的单恋，作家知道后十分感动，但是，他根本想不起这个女人究竟是谁，女人也没有给他留下任何寻找线索。

这是奥地利作家茨威格的一篇小说——《一个陌生女人的来信》。

世界上有没有始终不变的爱情？答案当然是"有"。那么有没有始终不变，却始终不让对方知道的爱情？这样的爱情是否有意义？在《一个陌生女人的来信》中，女主角宁愿单恋也不愿向作家表白，她坚持"我爱你，与你无关"。她放弃幸福的可能，单单守住了一份暗恋，但这暗恋不会有任何结果，作家甚至不能确定这个女人究竟存不存在。

暗恋是最辛苦的，所有的感情对方都不能体会，所有的奉献对方都没有察觉，所有的心血对方都不了解。一个人一味付出，另一个人不闻不问，这种巨大的失衡给人带来的永远是折磨多过愉悦，艰难多过享受。人们说暗恋的人有自虐倾向，他们不管付出是否值得，只一心一意编织自己的爱情迷梦，忘记了爱情的最圆满境界应该是两情相悦，两个人共同分担的甜蜜，而暗恋的人却只能尝到苦涩。

还有一种感情与暗恋同样不幸，就是明知对方不爱自己仍然坚持的单恋。明知没有结果却还是放不开，幻想只要坚持就会有奇迹，只要付出就一定会感动对方。没有人能指责这样的做法是错的，或者不恰当的，却会惋惜这个人也许即将错过更适合他的人。对于被单恋的那个人，这份感情同样沉重，当他看到对方无条件地为自己付出，却不能满足对方的心愿时，最后他只能选择逃避。两个人的爱情不一定是喜剧，一个人的爱情却注定是悲剧。

国外一家心理机构曾做过这样一个实验，参与实验的人一组两人，A要把一个大箱子里的所有东西放在B手里，给予和接受的行为不断进行。渐渐地，A觉得自己把能给的东西全都交给了B，却什么都没有得到；B觉得A给的太多了，自己无法承担。如此一来，A和B都觉得十分痛苦。另一组的两个人则不一样，他们互相给予，也互相接受，最后都认为自己得到了很多东西，感觉十分愉快。

爱情也是如此，一旦付出和得到失衡，双方的关系不平等，就会造成一个人成了空壳，一个人负担过重。只有双方互相给予，才能达到完美的境界。

这是一个有趣的心理实验，在两个人的爱情中，一旦一方付出太多，一方接受太多，反倒会造成两个人同时失去轻松的心情。一个在经年累月的奉献中感到厌倦，一个在长久的承担中想要逃避，这时候爱情不再是一件美好的事，而是成为一个沉重的负担。全心全意地付出收回的不是感动，而是怨怼。

每架天平都有一个重心，天平两边同时增加砝码，它才能保持平衡，一旦失衡，重心就会偏移。爱情是两个人的事，相互的给予才能维持心理和实际上的平衡，失衡的事物会偏离中心，这就是单恋者不幸福的原因。多年前，一首老歌唱出了暗恋者和单恋者的心态："是谁导演这场戏，在这孤单角色里，对白都是自言自语，对手都是回忆，看不出什么结局。"单恋者的美丽是自怜的、悲伤的，那本不是爱情的常态。

美好的爱情应该是两个人的事，两个人一起度过的日子，两个人一起欣赏的风景，是两个人心心相印，齐心协力地朝着共同的目标前进。我国从古代就有"执子之手，与子偕老"这样的诗句，单恋者牵不到爱人的手，只能孑然一身走在人生道路上，这是太过偏执的结果。当别人成双入对，你一个人形单影只时，你怎么能有幸福？真正爱一个人，就要当走在他身边的人，而不是一个跟着他身后的影子。

爱情是双人戏，不能一个人演，徐志摩说："我将于茫茫人海寻找唯一之灵魂伴侣，得之，我幸；不得，我命。"与其迷恋一个并不爱自己的人，不如放开执念，去寻找真正的灵魂伴侣。"天涯何处无芳草。"这句话并不是说一个人应该花心，而是提醒一个人不要在一份不属于自己的爱情上迷失，应该移开自己的目光，去寻找那个真正属于自己的人。

⑥

既然无缘，潇洒分手未尝不是一种坦然的美丽

据说爱情是月老手中的红线，有缘千里一线牵，命中注定的两个人，即使远隔千里，也会聚在一起。相反，没有缘分的人，即使走在同一条街上，也会擦肩而过。缘分的到来谁也不能预料，缘分要走的时候谁也留不下，所以人们才会说缘分难求。面对缘分，我们唯有随缘，珍惜它的到来，珍惜它给自己带来的幸福，当它要走的时候，也不要苦苦挽留，潇洒地和它告别。人生还长，总会有另一份缘分值得你去付出。

爱是一种无私的情感，爱对方的时候经常忘记自己，是爱情的常态。现在有越来越多的人通过自身经历告诉我们：爱对方的同时，一定要记得爱护自己，因为真正爱你的人，欣赏你的为人，尊重你的个性，希望你更加幸福。一旦你为了对方将自己变为另一个人，很可能就是对方厌倦你的开始。一个爱自己的人，即使经历分手也不会否定自己，因为知道自己努力过，付出过，即使缘分到了尽头。

"毕业那天说分手"，是大学爱情中经常面临的挑战，因为前程的不同，选择城市的不同，继续读书与就业的不同，大学时恩恩爱爱的情侣都会忍痛与另一半分手。

安安就是一个在毕业时向男朋友提出分手的女孩。她和男朋友相恋

三年，感情深厚，但是，她发现自己和男朋友并不适合走入婚姻，因为她和男朋友都是恋家的人，他们一个来自南方，一个来自北方，都舍不得离父母太远，而且在家乡可以找到好的工作，他们都很犹豫要不要为了一份爱情放弃家庭和前途。

安安认为，既然两个人都在犹豫，说明他们的感情没能深厚到为了对方放弃一切的地步，那么牺牲一个人成全另一个，总会有一个人觉得不甘心，那么不如及早分开。

分手后，安安经历了一段很难捱的日子，终于在两年以后走出低谷。又过了一年，安安认识了现在的老公，很快结婚，生活幸福，这时她听说以前的男朋友也刚刚结婚。他们分手后第一次通电话联系对方，发现对方现在很幸福、很满足。他们并不后悔大学时爱过对方，也不后悔毕业时说了分手，他们只是缘分不够。幸好，两个人没有强求，理智地分开，终于找到了各自的幸福。

比起婚姻，安安和前男友这样的结束固然不够圆满，但何尝不是一种坦然的美丽？

花开就有花落，月圆就有月缺，万事万物有开始就有结束，爱情也是如此。很多人苦苦相求，想要留住已经逝去的缘分，即使明知"强扭的瓜不甜"，也要握着一条苦瓜不放手，这又何其愚蠢。莫不如将爱情当作生命中值得珍藏的礼物，在最适合的年龄送到自己手中，又因为缘分的结束而在自己的生命中隐去，将那美好的感觉一直留在心底，莫要将原本的美好也统统抹杀。

7

人生总有遗憾错过，别就此蹉跎了现在

梅和伟相识在大学里的一场联谊舞会上，伟说当他第一眼看到穿着白色长裙的梅时，就有一见钟情的感觉，而优秀的伟也让梅心动不已。两颗心自然而然地靠在了一起。

四年大学生活，梅和伟的感情越来越深。毕业后，他们在同一个城市找到工作，准备一年后买房结婚，可是，不幸的事发生了，伟因为车祸离开人世。梅整天以泪洗面，很长一段时间甚至不能正常工作。

梅的母亲不忍心看女儿一直消沉，开始为她物色新的男朋友。可是梅一直怀念着死去的伟，她每天回家都要抱着伟的西服发呆，那是梅买来送给伟的。直到有一天，梅去出差时，小偷偷走了家里所有值钱的物品，包括伟的那件西服。梅突然发现，人生就意味着很多次失去，不论对象是衣服还是人，失去的就是失去了，而新的东西会不断出现。也只有失去过的人，才能知道拥有的可贵，才能更珍惜现在的一切。

从那以后，梅不再郁郁寡欢，她更加珍惜身边的亲人和朋友，以及自己的心情。

痴情的梅在男朋友伟去世后，整日以泪洗面，伟留下的每一样东西都成了梅的宝物。有一天，小偷光顾了梅的家，偷走了所有的东西，

梅才明白失去的再也无法挽回，只有仍然活着的人才是自己最应该珍惜的，她终于走出了失去爱人的悲伤，更加珍惜自己的生活。

面对爱情，很多人不明白什么是残缺、什么是完整，很多努力都是在抱残守缺。像故事中的梅，她以为思念伟、整日以泪洗面就能保证爱情的完整，但伟已经不在，回忆不能代替爱情。爱情是残缺的，就连梅停滞不前的生命都变得残缺了。梅必须出来，因为她的爱情成了过去，她只有走出去，她的生活才能因她的继续努力而变得完整。

生活就像一本书，你永远不知道下一页写着什么，也不知道明天会遇到什么，所以不能停止翻书的动作，一页看完，就要看下一页。如果仅仅盯着其中的一页，你的生命只能到此为止，不会有更多的惊喜。人们常说自己遇到了最糟的事情或最好的事情，其实他们只是在和过去比。对比长长的未来，他们也许会遇到更糟的或更好的。人生有喜有悲，不去体会才是最大的遗憾。

佳佳就要结婚了，她在娘家整理自己过去的东西，有些要扔掉，有些要留在娘家，有些要带到新家去。这时，她发现一本上锁的日记，佳佳清楚地记得，这本厚厚的日记是她在高三到大三阶段写下的，里边记录了她从前的两段感情。在和第二个男朋友分手后，佳佳将日记锁了起来，扔进储物室。她没想过有一天，自己会用平静的心情重新翻开这本日记。

当她看到日记本上写道"我知道我今后再也不能遇到这样的爱情""我不会再为任何人付出我的感情""我不会再为什么事如此难过了"等句子时，她仔细回想，那究竟是什么样的爱情、什么样的人，又是怎样的难过，她想到的只是一些模糊的回忆。她知道，过去的爱情比不上现在的幸福，就像一首歌唱的："原来爱曾给我美丽心情，像一面深邃的风景，那曾爱过他却受伤的心，丰富了人生的记忆。"

每个喜欢写日记的人大概都有和佳佳一样的经历，时过境迁，翻开从前的日记本，发现当时认真写下的话都很傻，过去曾经伤心的事，现在看来是那样微不足道。过去以为一生只有一次的爱情，现在看来只是年轻时的一时冲动。她再也没有从前的激动，取而代之的是平静与感恩，对那些模糊的记忆，也对曾经天真的自己。

有人说："爱情是什么，全世界都在找，从来没有人看到过。"没有人能够说清楚爱情究竟是什么，付出过真心的都是爱，即使结局不理想，回想起来依然有怀念的感觉。但过去就是过去，就像面对一个堆满太多东西的房间，总要扔掉一些用不着的东西，腾出空间安放更好的。比起最珍贵的东西，过去太远。当以一颗成熟的心回首往事，细细盘点我们失去的究竟是什么，当然有那些属于青春的纯真稚嫩，也有属于过去的遗憾挫折，就像李商隐写的诗句"此情可待成追忆，只是当时已惘然"。当一切过去，我们能够把握的只有一份回忆。所以才更要珍惜当下，珍惜每一个"当时"。

除了死亡，我们不能停下人生的脚步，既然向前看，有些东西就要丢弃，有些感觉只能怀念。时间就像河流冲洗掉心灵的沙粒，能够留下的都是宝贵的纯金。不要说别人在变，其实你也在变，不论是价值观还是爱情观，都会在最初的基础上越来越成熟。最初的不一定是最好的，错过的又怎么能肯定是对的？不必问今后还能不能碰到这样好的人，也不用想明天有没有这样的感觉，让自己和他人自由，人生有四季，你错过的只是一个春天。

8

荣耀与失败都属于过去，让每一天有新的开始

忘记过去的成功，重新开始，你就可能再度成功。忘记曾经的失败，重新开始，才会具有锲而不舍的精神，也才有可能成功。

忘记过去并不意味着什么都要忘记。忘记成功只是告诫你不能因为成功而骄傲，要把它忘记，你才能从头开始新的奋斗。忘记失败也只是要你忘记失败所给你带来的伤心和痛苦，不能忘记失败的教训，应该牢记这教训、忘记伤心上路。不管过去是成功还是失败，我们都要将它忘记，重新开始新的旅途。忘记过去的辉煌，你就不会满足于已有的成就，继续像以前一样为了目标而奋斗；忘记过去的失败，你就不会因为小小的挫折而自暴自弃，你就会拥有比原来更雄厚的自信心，才能经得起失败的考验，才能一步一步走向成功。所以不论过去是美好还是懊恼，将一切留在身后，然后重新开始。

每一天都是新的开始，新的开始一定要给予自己更多的快乐和幸福。就算昨天再悲伤、再痛苦，这一切都已经成了过去，而现在就是一个新的起点，打开窗户，让清风吹在脸上，让视野再宽阔一些。告诉自己，要把昨天的悲伤变成今天的快乐，把昨天的失败变成今天的成功，把昨天的不幸变成今天的幸福。如果昨天快乐、昨天幸福、昨天成功，

那么，为了一个同样的目标，今天也还是一个新的起点。

每一天都是新的开始，许多昨天做着的事需要继续，许多新的想法都要付诸行动，许多发生过的错误都要修正。昨天已成为过去，因而不能把昨天的疲惫带给今天，不能把昨天的失落带给今天，不能把昨天的痛苦带给今天，更不能把昨天的错误带给今天，我们没有理由用昨天的错误惩罚自己。新的开始是成功的继续和创新，只有把每一天当成新的开始，只有把昨天作为新的起点，时刻做好起跑的准备，才能跑得更快、更远。

每一天都是新的开始，新的开始总会有新的挑战，早晨起来第一件要做的事，就是告诉自己："我行，我已经准备好了。"每天起来都要给自己一个美丽的微笑，用最平和的心和最炽热的情感迎接新的挑战。也许今天会面临比昨天更大的困难、更多的挫折，然而，坚强面对，勇敢地迎上去，一定会有意外的收获。即使结果不能够尽如人意，但我们努力了，我们尽心尽力地做了，我们给明天留下的是希望而不是遗憾。

每一天都是新的开始，新的开始总会有新的期待，有期待就会有希望。所以，从今天开始，为了自己的期待，为了心中的希望，用全新的生命迎接每个新升的太阳，让自己的生命在循环往复中完善、成长，用最热情的态势去迎接生命中每一个新的开始。

每一天都是新的开始，新的开始总会面临着新的选择。昨天已经过去，明天也许是未知的。我们可能不知道自己以后的路通往何方，但我们知道自己的方向，选择了就要为自己负责，选择了就要为梦想付出，而这一刻我们能做的就是相信自己的选择。不害怕走错路，可怕的是明知走错了还要继续。

面对快速变化着的世界，我们能做的就是认识自己、了解自己，把过去放下，把现在扛起，把每一天当成一个新的开始，因此，我们的生活每天也都是全新的。请相信，生活是有趣的，尽管不断地经历着快乐、幸福、成功、痛苦、无奈、失败，但未来一定会有美好的东西等着我们。